主编 付 晓
副主编 李若愚
顾问 薛进庄

BIOSPHERE

生物圈

北京大学出版社
PEKING UNIVERSITY PRESS

图书在版编目(CIP)数据

生物圈 / 付骁主编. —— 北京：北京大学出版社，2025.7. —— (中学生地球科学素质培养丛书). —— ISBN 978-7-301-36445-1

Ⅰ.Q148-49

中国国家版本馆CIP数据核字第2025MF9777号

书　　名	生物圈
	SHENGWU QUAN
著作责任者	付　骁　主编
责任编辑	刘　洋
标准书号	ISBN 978-7-301-36445-1
出版发行	北京大学出版社
地　　址	北京市海淀区成府路205号　100871
网　　址	http://www.pup.cn　　新浪微博：@北京大学出版社
电子邮箱	编辑部 lk2@pup.cn　总编室 zpup@pup.cn
电　　话	邮购部 010-62752015　发行部 010-62750672　编辑部 010-62754976
印　刷　者	北京宏伟双华印刷有限公司
经　销　者	新华书店
	730毫米×980毫米　16开本　16.25印张　206千字
	2025年7月第1版　2025年7月第1次印刷
定　　价	98.00元

未经许可，不得以任何方式复制或抄袭本书之部分或全部内容。
版权所有，侵权必究
举报电话：010-62752024　电子邮箱：fd@pup.cn
图书如有印装质量问题，请与出版部联系，电话：010-62756370

丛书编委会

主　　编　金之钧　北京大学

执行主编　沈　冰　北京大学
　　　　　　李亚琦　中国地震学会

副 主 编　唐　铭　北京大学
　　　　　　薛进庄　北京大学
　　　　　　张志诚　北京大学
　　　　　　张铭杰　兰州大学
　　　　　　刘红年　南京大学
　　　　　　刘海龙　上海交通大学
　　　　　　谈树成　云南大学
　　　　　　郝记华　中国科学技术大学
　　　　　　郭红峰　中国科学院国家天文台
　　　　　　殷宗军　中国科学院南京地质古生物研究所
　　　　　　柳本立　中国科学院西北生态环境资源研究院
　　　　　　代世峰　中国矿业大学（北京）
　　　　　　崔　峻　中山大学

编　　委　邓　辉　北京大学
　　　　　　董　琳　北京大学
　　　　　　贾天依　北京大学

焦维新	北京大学
李湘庆	北京大学
宋婉婷	北京大学
王玲华	北京大学
王瑞敏	北京大学
王颖霞	北京大学
王永刚	北京大学
闻新宇	北京大学
吴泰然	北京大学
熊文涛	北京大学
岳　汉	北京大学
周继寒	北京大学
朱晗宇	北京大学
陶　霓	长安大学
李春辉	成都理工大学
张　磊	成都理工大学
许德如	东华理工大学
付　勇	贵州大学
王　兵	贵州大学
沈越峰	合肥工业大学
杨克基	河北地质大学
高　迪	河南理工大学
郑德顺	河南理工大学
田振粮	南方科技大学
孙旭光	南京大学
唐朝生	南京大学

王孝磊	南京大学
罗京佳	南京信息工程大学
蔡闻佳	清华大学
林岩銮	清华大学
毛光周	山东科技大学
马　健	上海交通大学
朱　珠	上海交通大学
刘　静	天津大学
高　航	同济大学
鄢建国	武汉大学
封从军	西北大学
蔡阮鸿	厦门大学
沈忠悦	浙江大学
石许华	浙江大学
许建东	中国地震局地质研究所
周永胜	中国地震局地质研究所
赵志丹	中国地质大学（北京）
江海水	中国地质大学（武汉）
罗根明	中国地质大学（武汉）
王　轶	中国地质大学（武汉）
汪在聪	中国地质大学（武汉）
夏庆霖	中国地质大学（武汉）
张晓静	中国航天科技创新研究院
邓正宾	中国科学技术大学
陆高鹏	中国科学技术大学
王文忠	中国科学技术大学

张少兵	中国科学技术大学
张英男	中国科学技术大学
李雄耀	中国科学院地球化学研究所
何雨旸	中国科学院地质与地球物理研究所
李金华	中国科学院地质与地球物理研究所
李秋立	中国科学院地质与地球物理研究所
赵　亮	中国科学院地质与地球物理研究所
刘建军	中国科学院国家天文台
屈原皋	中国科学院深海科学与工程研究所
蒋　云	中国科学院紫金山天文台
刘　宇	中国矿业大学（北京）
颜瑞雯	中国矿业大学（北京）
郭英海	中国矿业大学（徐州）
史燕青	中国石油大学（北京）
刘　华	中国石油大学（华东）
韩　永	中山大学
郝永强	中山大学
卢绍平	中山大学
张　领	中山大学
张吴明	中山大学
朱丽叶	中山大学

秘　书　崔　莹　北京大学
　　　　祁于娜　中国地震学会

丛书序言

地球科学（含行星科学，即地球与行星科学）是研究人类居住的家园——地球的科学，是研究地球物质组成、运动规律和起源演化的一门基础学科，与数学、物理、化学、生物、天文构成了自然科学中的六大基础学科，同时又紧密依靠数学、物理、化学、生物等学科基本原理和方法来认识地球的过去、现在和未来，因此它又是一门交叉学科。地球科学与人类的繁衍生存息息相关。人类社会发展所依赖的能源和矿产资源的探寻，依赖于地球科学对于物质运移和富集规律的研究；解决人类所面临的各种环境问题、气候问题、自然灾害，也需要从地球的运行规律入手来建立科学的防治方案。

进入 21 世纪的今天，人类社会发展与自然环境的矛盾愈发显著，成为科学界与社会共同关注的焦点。应对气候变化和全球治理，不仅是地球科学家需要关注和解决的科学问题，也成为国家间政治博弈和国力角逐的关键点。我国"双碳"目标的提出，体现了我们作为一个负责任大国的担当，这也为当代地球科学家提出了新要求，他们必须从地球自然碳循环（板块运动、火山爆发、海气作用等）和人为碳循环的耦合作用机理入手，建立更加准确的预测模型，以支撑"双碳"目标的实现和国际合作与博弈。对于深海和深地的探索，不光开拓了人类的未知知识领域，也成为解决人类能源资源与矿产资源问题的一个新的增长点。深空探测则将我们的眼光从地球拓展到广袤的宇宙，特别是对于太阳系行星的探测、对地外资源的探测以及寻找并构建第二颗适合人类居住的行星，成为我们深空探测的核心和未来任务。总而言之，地球科学对于人类未来的发展具有重要的意义，因而，对于地球科学人才的培养也是未来发展的重要保障。

从另一个角度来说，提高全民的科学素养是实现中华民族伟大复兴的人才基础；只有全民的科学素养提高了，中华民族才能屹立于世界民族之林。而地球科学则是进行全面科学素养培养的一个重要平台。地球科学提供了诸多人们熟识但又陌生的自然现象，很容易引起人们的兴趣和关注；引导学生主动利用数学、物理、化学、生物等学科基础对这些自然现象进行解释，进而培养学生正确运用科学知识认知世界的能力，这是对现有人才培养过程的有利补充。

中华民族的复兴和未来国家战略计划的开展亟须具备大量科学思维的年轻人，虽然只有很少的一部分最后从事地球与行星科学方面的研究和工作，但地球科学可以提供提高科学素养的土壤。培养国家未来之地球科学拔尖人才则需要从中学（甚至小学）开始进行地球科学的启蒙和素质培养。

地球科学涵盖范围极广，其中包含了7个一级学科（地理学、地质学、地球化学、地球物理学、海洋科学、大气科学、环境科学）。一方面，由于学科发展的历史原因，各学科间尚未形成有效的交叉，这一现象严重阻碍了学科的拓展和人才的培养；另一方面，地球科学与其他基础学科（数学、物理、化学、生物）的结合还有待于进一步加强。基于上述问题，我们组织编写了这套面向中学生的地球科学科普丛书。基于对未来学科发展的预判，服务于国家重大战略需求以及在全民科学素养提升中应起到的作用，本套丛书对地球科学的学科进行整合，围绕地球系统科学、地球圈层与相互作用这一核心，尽可能将现有的学科按照科学问题进行整合，知识体系将不再按照原有的学科体系排布，计划编纂成14册，包括：①《宇宙起源与太阳系形成》；②《地月系统起源与地球圈层分异》；③《地球物质基础》；④《大气圈》；⑤《水圈》；⑥《生物圈》；⑦《地球表面过程》；⑧《生物地球化学循环》；⑨《地球气候与全球变化》；⑩《资源与碳中和》；⑪《自然灾害与环境污染》；⑫《行星科学》；⑬《行星宜居性演化》；⑭《地球与行星探测技术》。丛书的科学逻辑从宇宙、太阳系、地球起源和圈层分异开始（第一、二册），然后依次介绍地球的各个圈层（第三至六册）和圈层间的相互作用（第七至九册），在此基础上重点关注了资源能源问题（第十册）、灾害与环境问题（第十一册）、地外行星的行星科学（第十二册），再从时间轴的角度介绍了宜居行星的演化历史（第十三册），最后将科学、技术、工程结合介绍地球与行星的探测技术（第十四册）。

作为一套面向中学生的科普读物，本套丛书重点关注地球科学的科学逻辑和知识体系的连贯，同时尽量做到内容扁平化，旨在培养学生的地球系统观和帮助学生建立较为完整的地球科学知识体系。为了引导学生主动利用"数理化生"基本原理来认识自然现象和理解地球科学的关键科学问题，我们将普遍建立地球科学与其他基础学科的连接，并对一些典型的例子进行深度剖析和数值解译，进而建立与更高层次（大学生）人才培养的衔接。

本套丛书由北京大学地球与空间科学学院牵头，中国地震学会深度参与，组织了来自全国30多所高校和科研院所的近百位专家学者构成丛书编委会。丛书编委会通过认真研讨，将地球科学的各个不同分支进行了学科整合和知识框架的整理，并编写了深入细化的科学提纲；在此基础上，委托10余所中学的教师组织编写团队，编写团队依照提纲进行内容的具体编写，各中学编

> 生物圈

写团队由涵盖物理、化学、生物、地理方向的至少 5 位老师组成，以期实现跨学科交叉；来自北京大学的博士研究生助理负责编写过程中科学问题的解疑和初稿的审定及修改；丛书编委会专家对书稿进行最终审定、修改并定稿。

希望本套丛书的出版能够对提高全民的科学素养有所裨益，成为爱好地球科学大众的入门读物，更期待有更多的地球科学爱好者学习地球科学知识，认识地球演化规律，共同保护地球——人类赖以生存的共同家园！

金润

中国科学院院士
俄罗斯科学院外籍院士
北京大学地球与空间科学学院博雅讲席教授
2024 年 7 月 5 日于北京大学朗润园

本书作者介绍

付骁

贵州省遵义航天高级中学地理教师，长期从事全国中学生地球科学奥林匹克竞赛指导工作，注重高中教育多学科的交叉融合，在地理、生物学科上有融合教学经验，并坚持带队参加野外考察。在地球科学科普工作中，与贵州大学有着广泛的合作。

李若愚

中国农业大学植物保护学院硕士研究生，主要从事昆虫分类与进化生物学研究，研究类群为现生及化石脉翅目昆虫。高中时期曾获得全国中学生地球科学奥林匹克竞赛金牌并入选国家集训队，对地球科学有浓厚的兴趣，并长期专注地球科学教育及科普工作。

简昭霞

贵州省遵义航天高级中学生物教师。自2020年以来长期从事全国中学生生物学竞赛教练工作，对与生物学竞赛相关的物理、化学和地理等学科专业知识进行了广泛的学习，具有丰富的多学科融合竞赛教学经验。

金磊

贵州省遵义航天高级中学化学教师，长期从事全国中学生化学奥林匹克竞赛指导工作，联合化学、生物、政治学科开发了基于赤水晒醋的地方特色课程。

景思衡

上海市建平中学地理教师，上海市浦东新区骨干教师，全国中学生地球科学奥林匹克竞赛优秀指导教师。

刘聪

上海市进才中学高中地理教师，全国中学生地球科学奥林匹克竞赛优秀指导教师。指导学生在2023年第16届国际地球科学奥林匹克竞赛（IESO）个人赛（DMT）中获得国际金牌；在2022—2023学年全国中学生地球科学奥林匹克竞赛中，指导7人获得全国金牌、4人获得全国银牌、4人入选国家集训队；在2021—2022学年全国中学生地球科学奥林匹克竞赛中，指导6人获得全国金牌、1人获得全国银牌、3人入选国家集训队。

蒲应亚

贵州省遵义航天高级中学生物教师，自 2016 年以来长期从事全国中学生生物学竞赛指导工作和学校竞赛管理工作，在学校强基计划指导方面经验丰富，长期从事优生培养工作。

孙裕钰

上海市进才中学地理教师、全国中学生地球科学奥林匹克竞赛指导老师，华东师范大学教育硕士，主持多项市区级课题，在 *Journal of Geography*、*Environmental Education Research* 等 SSCI 期刊上发表多篇文章。

万子千

2022年全国中学生地球科学奥林匹克竞赛金牌获得者，现就读于西南石油大学地质学专业。曾获第六届"经纬杯"全国地理教学研究成果大赛一等奖。对地质学、地球科学有浓厚兴趣。

吴忆成

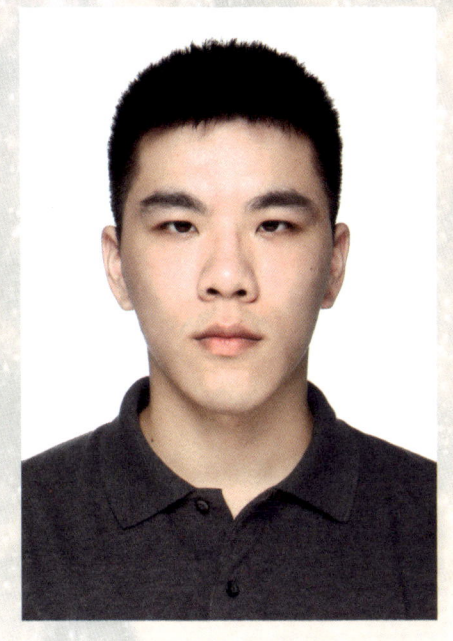

上海市进才中学生物教师，毕业于华东师范大学生物科学系，大学期间曾参与非小细胞肺癌药理实验研究，对细胞生物学与地球科学有浓厚兴趣。

于佳琳

上海市进才中学生物老师、国际文凭大学预科课程（International Baccalaureate Diploma Programme，IBDP）生物老师。毕业于英国爱丁堡大学。热爱生命科学、地球科学。

朱晗宇

北京大学地球与空间科学学院古生物学与地层学博士研究生，北京大学元培学院古生物学本科，曾获第一届全国中学生地球科学奥林匹克竞赛金牌、第32届中国化学奥林匹克（决赛）暨冬令营二等奖。

庄乐妍

华东师范大学数学与应用数学在校生,曾获"海亮杯"2021—2022学年全国中学生地球科学奥林匹克竞赛金牌,喜欢数理化生地学科,乐于探索事物的本质和规律,希望能让更多人了解地球科学。

内容简介

生物圈是地球系统四大圈层之一,圈层相互作用乃是地球系统科学在当今的一大研究热点。要窥探自生命诞生以来,生命与地球协同演化的史诗,就必须打破学科间的壁垒,通过地球科学与生物学、化学之间的学科交叉融合,探索生物与地球演化史的耦合。为此,本书编写组集合了多门学科教师,结合中学生实际学情,立足生态环境现状,着眼科研前沿进展,编写了本册图书。

本书首先从生命的基本特征出发,结合地球演化史,逐步构建出愈加复杂的地球生物圈。接着,展现地球生物圈与其他圈层之间的协同演化关系。最后,结合当下存在的环境问题,本书简要介绍了现代地球生物圈面临的挑战,以发挥地球科学的社会功能。

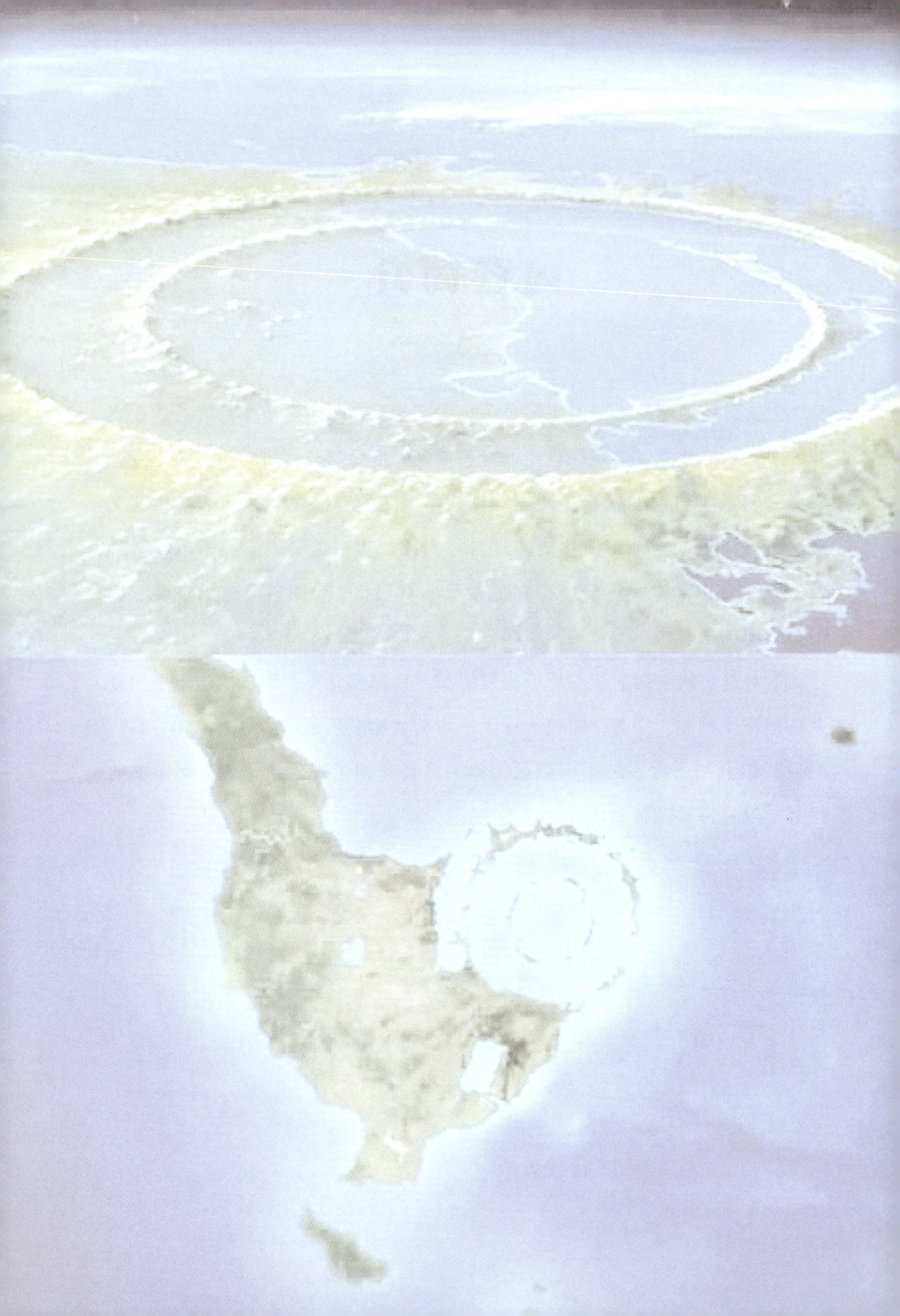

目录 Contents

第 1 章 生命的定义和组成

1.1 生命元素组成 2
    1.1.1 六大主要元素 4
    1.1.2 微量元素 5

1.2 生命大分子组成 6
    1.2.1 氨基酸-蛋白质 6
    1.2.2 糖类 7
    1.2.3 脂类 7
    1.2.4 核酸 8

1.3 生物支撑结构 9
    1.3.1 磷脂双分子层和细胞膜 9
    1.3.2 细胞器膜 10

1.3.3　外骨骼与骨骼 11

第 2 章　生命的新陈代谢

　2.1　化能自养 14
　　　2.1.1　硫酸盐还原作用 15
　　　2.1.2　硝酸盐还原作用 16
　　　2.1.3　硝化作用 16
　　　2.1.4　产甲烷作用 17
　2.2　光能自养 18
　　　2.2.1　不产氧光合作用 19
　　　2.2.2　产氧光合作用 20
　2.3　化能异养 21
　2.4　光能异养 22
　2.5　动物的呼吸作用 23
　　　2.5.1　有氧呼吸 24
　　　2.5.2　无氧呼吸 24

第 3 章　现代地球生物圈的基本特征

　3.1　生物圈的概念 28
　3.2　生物圈的多样性组成 30
　　　3.2.1　原核生物的特征与分布 31
　　　3.2.2　真核生物的特征及内共生假说 37
　3.3　生命之树的构建 40
　　　3.3.1　系统发生树的拓扑结构 41

        3.3.2 系统发生树的构建方法 42
    3.4 生物圈的空间分布 44
    3.5 地球极端环境生物圈 45
        3.5.1 深地生物圈 45
        3.5.2 海底黑烟囱生物圈 46
        3.5.3 海底白烟囱生物圈 50
        3.5.4 海底冷泉生物圈 54
        3.5.5 海底玄武岩生物圈 56
        3.5.6 极端环境生物圈与地外生命探索 57

第 4 章 生物圈与地球其他圈层的关系

    4.1 生物圈与水圈的关系 60
        4.1.1 生物圈与海洋 61
        4.1.2 生物圈与河流、湖泊 63
        4.1.3 生物圈与冰冻圈 66
        4.1.4 生物圈与降水 68
    4.2 生物圈与气候环境的关系 70
        4.2.1 纬度地带性 71
        4.2.2 垂直地带性 72
    4.3 板块构造对生物地理分区的影响 73
    4.4 盖亚假说与雏菊世界模型 77

第 5 章 生命起源

    5.1 宜居带 84

5.2 原始地球的环境条件 87
    5.2.1 冥古宙时期（45.7 亿～40.2 亿年前）......... 87
    5.2.2 太古宙时期（40.2 亿～25 亿年前）............. 88

5.3 生命起源假说 90
    5.3.1 "原始汤"理论 90
    5.3.2 黑烟囱与白烟囱 92
    5.3.3 RNA 世界假说 97
    5.3.4 地外起源说 98

5.4 最早期生命的地质学证据 99

第 6 章　前寒武纪生物圈的演化

6.1 原核生物主导的地球早期生物圈ͺ.. 106
    6.1.1 最早的生命形式 106
    6.1.2 产氧光合作用的出现 108
    6.1.3 甲烷代谢微生物功能群 110

6.2 原核生物对地球环境的影响 110
    6.2.1 原核生物通过生物地球化学循环对环境的作用 110
    6.2.2 原核生物的生物化学风化作用对环境的影响 111
    6.2.3 产氧光合作用与第一次大氧化事件 112

6.3 真核生物起源和多细胞化 114
    6.3.1 真核生物多细胞化及其化石记录 115
    6.3.2 后生动物起源与埃迪卡拉生物群 117
    6.3.3 最早的具骨骼动物 121

第 7 章　显生宙生物圈的发展

7.1 寒武纪大爆发 124
  7.1.1 早期后生动物矿化事件 124
  7.1.2 动物树主干的建立与特异埋藏化石库 127
  7.1.3 寒武纪大爆发与海洋生物圈革命 129
7.2 海洋动物群的进一步发展 132
  7.2.1 三叶虫 133
  7.2.2 笔石 134
  7.2.3 珊瑚虫 135
  7.2.4 头足类 136
  7.2.5 腕足类 138
  7.2.6 鱼类 139
7.3 植物的演化 139
  7.3.1 植物界的概念和组成 139
  7.3.2 植物的起源 143
  7.3.3 植物的宏演化阶段 145
  7.3.4 植物登陆对地表环境的影响 148
7.4 动物登陆及在陆地上的演化 151
  7.4.1 节肢动物登陆 151
  7.4.2 脊椎动物登陆——四足类起源 156
  7.4.3 恐龙的演化 165
  7.4.4 哺乳动物的演化 170
  7.4.5 动物登陆与陆地生态系统革命 174

生物圈

第 8 章　显生宙生物大灭绝与生物圈剧变

8.1　背景灭绝和集群灭绝 179

8.2　生物大灭绝的物种因素 181

8.3　生物复苏 183

8.4　显生宙五次大灭绝 185

　　8.4.1　奥陶纪末大灭绝 185

　　8.4.2　晚泥盆世大灭绝 189

　　8.4.3　二叠纪末大灭绝 192

　　8.4.4　三叠纪末大灭绝 195

　　8.4.5　白垩纪末大灭绝 198

8.5　生物大灭绝对生物圈演变的影响 202

第 9 章　现代生物圈面临的挑战

9.1　地球生物圈的韧性 206

　　9.1.1　生物圈的稳定性、抵抗力与韧性 206

　　9.1.2　生物圈的韧性在集群灭绝事件中的表现 208

9.2　全球变化对现代生物圈的影响 210

　　9.2.1　气候变化对生物圈的影响 210

　　9.2.2　大尺度的大气－海洋系统变化对海洋生态系统

　　　　　的影响 213

9.3　生物多样性影响气候变化 216

9.4　人类活动与生物圈健康 217

　　9.4.1　人类对野生动物的直接猎杀 217

9.4.2 土地开发挤占野生动植物的生存空间 219
9.4.3 工业污染 219
9.4.4 人口膨胀 221
9.4.5 第六次物种大灭绝 223

参考文献 226

第 1 章

生命的定义和组成

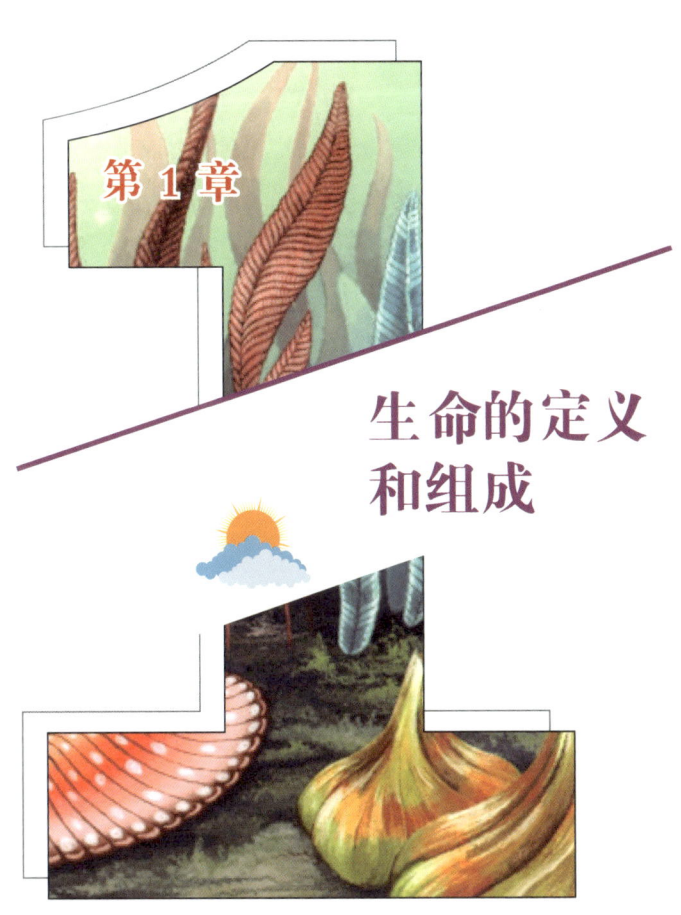

生物圈

生命是什么？从古希腊哲学家到现代科学家，很多人进行了深入的探讨。近代物理学家薛定谔（Schrödinger）在《生命是什么？》（*What is life?*）一书中提出，生命是逆熵而维持开放系统的有序性。现代生物学通常界定生命是物质、能量和信息的统一体，能够利用能量或化学梯度实现自组织和维持系统稳定，还能依靠遗传物质把这种自组织特性稳定地传播出去。具体到地球生物上，就是能够利用光能或化学能，将蛋白质组织成稳定运行的化学体系，并依靠DNA（脱氧核糖核酸）或RNA（核糖核酸）的复制来传播这种物质–能量系统的稳定化学体系。

1.1 生命元素组成
Constitution of life elements

生命元素是指生命必需的29种元素，这些元素是生物体维持生命所必需的。根据元素在生命体中的含量，可以分为大量元素和微量元素。大量元素又称主要元素，是指含量占生物总质量万分之一以上的元素，包括碳、氢、氧、氮、磷和硫等（表1-1）。微量元素是指含量小于生物总质量万分之一，在适宜的低浓度条件下有重要生物学作用的一些元素。微量元素总量仅占生物体内元素总含量的0.05%，包括锰、锌、铜、硼、钼和铁等。

表 1-1 以人体为例，示部分生命元素的大体含量

符号	元素	在人体中的质量分数/（%）
O	氧	65.0
C	碳	18.5
H	氢	9.5
N	氮	3.3
Ca	钙	1.5
P	磷	1.0
K	钾	0.4
S	硫	0.3
Na	钠	0.2
Cl	氯	0.2
Mg	镁	0.1

注：引自吴相钰等，2009。

这些元素在生物体内以不同的形式存在，扮演着各种重要的角色。以碳元素为骨架的蛋白质、核酸和多糖等生物大分子，构成了生命大厦的基本框架；氢和氧的邂逅，形成了生命之源——水；水与其他元素或无机盐一起，共同承担着构建生物体、参与生命活动等重要功能。生物体中的这些元素，含量和比例处在不断变化中，但又保持相对稳定，以保证生命活动的正常进行。

生命从地球中获取元素并维持自身活动，组成生命的化学元素都可以从无机环境中找到，没有一种是生命所特有的。但组成生命的化学元素含量与地壳中各元素含量明显不同，这主要源于生物体对部分元素产生了富集作用。生物体为什么会有富集作用？因为生物膜具有选择透过性，选择性地从外界环境中吸收自身代谢所必需的元素，维持生命活动的正常进行，这就决定了组成生物体的元素在含量上与地壳中差异显著。

> 生物圈

1.1.1　六大主要元素

氧、碳、氢、氮、磷和硫这六大元素约占生物圈总质量的95%，被称为主要元素。

氧是生物体内含量最高的元素，它主要以氧化物形式存在，其组成的化合物中含量最多的是水。在生物体内，氧的主要作用是参与有机物的氧化分解、释放能量和维持生命过程。

碳元素在生物体干重中占比最高，是生物体最基本和最重要的元素之一，它在生物体内主要以有机物的形式存在，如蛋白质、核酸和糖类等。由于碳元素独特的化学性质，生物大分子均以碳链为基本骨架。碳原子最外层为4个电子，存在4个电子空位，极易与其他原子共用4对电子而形成4个共价键。地球上的碳主要存在于岩石圈、水圈和大气圈中，其中大气中的二氧化碳是生物体碳的主要来源，主要依赖绿色植物的光合作用进行转换，其他生物直接或者间接地以二氧化碳为碳源。

在组成生物体的元素中，氢是生物体数量上最丰富的元素，它主要存在于水中，并通过水循环连通生物群落与非生物环境。氢与氧形成的水分子不仅为生物化学反应提供了良好的反应介质，也直接参与了很多生物化学反应。

氮是生物体的必需元素之一，主要以氮气形式存在于大气中。生物体需要通过固氮作用等过程将氮气转化为能够被吸收和利用的氨态氮或者硝态氮。

磷也是生物体的必需元素之一，它主要以磷酸盐的形式存在于水体和土壤中。在生物体内，磷是细胞能量代谢的载体物质ATP（三磷酸腺苷）的结构元素，也是遗传物质核酸和细胞膜中磷脂分子等的组成元素。

硫主要以硫化物或硫酸盐的形式存在于水体和土壤中。在生物体内，硫的主要作用是参与生物化学反应和维持生命过程。

除了这些基本构成元素外，生物体内还含有许多其他元素，如钾、钙、镁等。这些元素在生物体内的作用各不相同，但都是维持生命所必需的。

1.1.2 微量元素

铁、碘、锌、锰、钼、硼、镍等元素，在生物体内的含量不足万分之一，但与生物的生存息息相关，对生命活动的调节起到至关重要的作用。它们的摄入过量、不足或不平衡都会不同程度地引起生物体的异常。这些元素在生物体内的作用各不相同，以人体为例，铁是人体内合成血红蛋白的重要原料，缺铁可能会导致贫血等问题。碘是人体内合成甲状腺素的重要原料，缺碘可能会导致甲状腺肿大，俗称大脖子病。锌是人体内多种酶的辅助因子，缺锌可能会导致婴幼儿出现生长发育迟缓、免疫系统受损等问题。

> 生物圈

1.2 生命大分子组成
The composition of biological macromolecules

• 1.2.1 氨基酸－蛋白质

蛋白质是由 21 种氨基酸通过脱水缩合聚合而成的生物大分子。生物体死亡后，蛋白质会被分解成氨基酸并大量保存在地层中。除甘氨酸外，生物活体内构成蛋白质的氨基酸都是以 L 构型存在的。氨基酸在生物体死亡后可能发生构型转换，即由 L 构型转换为 D 构型（图 1-1），该过程称为氨基酸的外消旋作用(racemization)，导致地层中 D 构型氨基酸大量增加。氨基酸的外消旋作用受时间和温度两种因素控制：如果温度恒定，D 构型氨基酸的浓度变化可以用来确定生物体的死亡时间；相反，如果已知生物体死亡时间，则可用 D 构型氨基酸的浓度变化来推算古温度。但是，根据氨基酸的外消旋作用来定年的方法也存在问题，因为外消旋作用的发生较为复杂、不可预料，该过程受生物体所在的局部环境影响较大，可能在蛋白质的成岩作用阶段发生变化，也可能受埋藏环境的影响等导致结果出现误差。

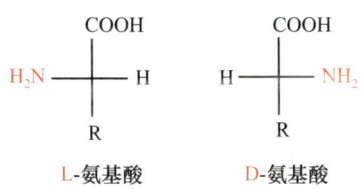

图 1-1　L-氨基酸和 D-氨基酸

1.2.2　糖类

糖类指多羟基醛或多羟基酮，以及它们的缩合物和某些衍生物，一般只含碳、氢、氧三种元素。某些糖类和它们的衍生物（如糖脂）可以在化石记录中作为生物标志物留存下来。这些生物标志物可以帮助古生物学家确定古代生物的存在，并对生物群体进行分类。植物蜡中包含的长链脂肪酸和醇可能源自糖类，这些分子在沉积物中变得更为稳定，可以用来追踪古环境条件和植被类型。

糖类在不同生物体内的代谢途径不同，这为生物带来了不同的碳同位素比率。例如，C3 植物和 C4 植物通过不同光合作用途径固定二氧化碳，在糖类和其他有机化合物中留下了不同的碳同位素特征。这种差异可用于古生态学研究中古环境和古气候条件的重建。

1.2.3　脂类

脂类又称脂质，分类广泛，一般不溶于水或微溶于水，但溶于有机溶剂，是人体必需的重要营养素之一。脂类在生物体内承担储存能量、氧化分解给机体供能和为机体提供必需脂肪酸等功能。不同类型的脂类在化学结构和功能上有所不同，但在生物体的生命活动中都扮演着重要的角色。

1.2.4 核酸

核酸分为 DNA 和 RNA 两大类（图 1-2）。

DNA 分子由两条单链组成，这两条链按反向平行方式盘旋成双螺旋结构。脱氧核糖和磷酸交替连接排列在 DNA 分子外侧构成基本骨架，碱基排列在内侧。两条链上的碱基通过氢键连接成碱基对，碱基中腺嘌呤（A）一定与胸腺嘧啶（T）配对，鸟嘌呤（G）一定与胞嘧啶（C）配对，碱基之间的这种一一对应关系叫作碱基互补配对原则。正是基于这样的结构，大多数生物选定 DNA 作为遗传物质。DNA 分子所具备的复制系统和防止变异的"纠错"机制，既保持了生命世界的稳定和谐，又使其能不断地发展演化。

RNA 分子同 DNA 分子一样，也由核苷酸连接而成。但与 DNA 不同的是：组成 RNA 的五碳糖是核糖而不是脱氧核糖；RNA 的碱基组成含尿嘧啶（U）而不含胸腺嘧啶；RNA 一般是单链，而且通常比 DNA 短。RNA 分子种类繁多，常见的有三类。一类是作为 DNA 信使的信使 RNA（messenger RNA，简称 mRNA），另两类是转运 RNA（transfer RNA，简称 tRNA）和核糖体 RNA（ribosomal RNA，简称 rRNA）。随着人们对 RNA 功能多样性认识的不断深化，一些科学家认为 RNA 很可能先于 DNA 出现。20 世纪 80 年代中后期科学家提出了"RNA 世界"假说：在生命起源早期的某个时期，曾经有过一个由 RNA 组成或由 RNA 控制下的生命世界，即 RNA 世界。这些早期的 RNA 分子既具有类似 DNA 的遗传信息储存和复制功能，又具有类似蛋白质的催化功能。

第 1 章 生命的定义和组成

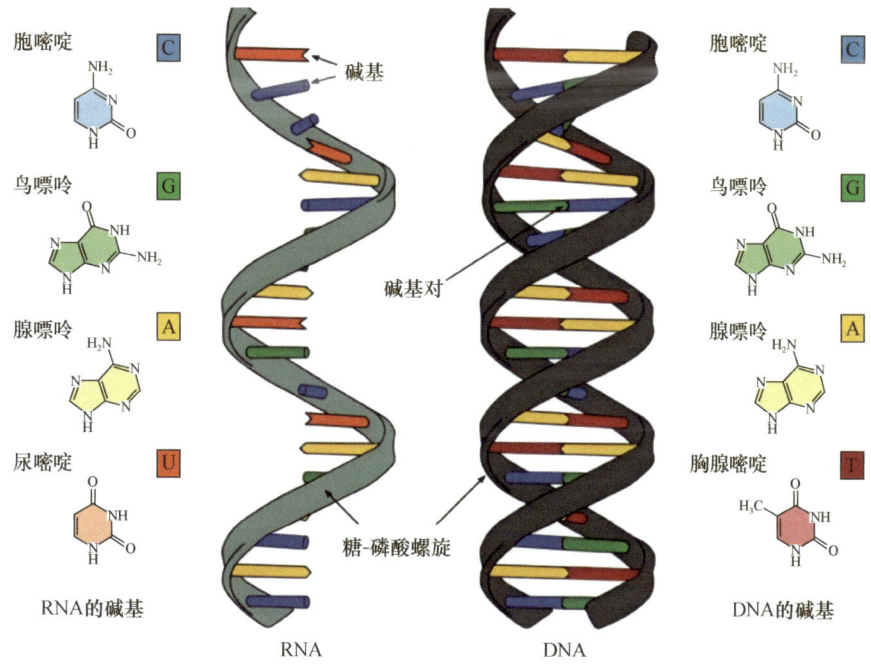

图 1-2　RNA 与 DNA 的分子结构示意图

1.3 生物支撑结构
Biological support structure

• 1.3.1　磷脂双分子层和细胞膜

磷脂双分子层是细胞膜的基本支架（图 1-3），其内部是磷脂分子的疏水端，水溶性分子或离子不能自由通过，这使得细胞膜具有一定的屏障作用。同时，细胞膜上的蛋白质可以与磷脂分子相互作用，稳定细胞膜结构并实现特定的功能。磷脂双分子层还具有流动性，这意味着在一定条件下，它可以发生相对移动，这种流动性对于细胞膜的形态和功能是必要的。例如，在细胞分裂和生长过程中，磷脂双分子层可以移动并重新排列，以形成新的细胞膜。此外，磷脂双分子层还可以与细胞内的信号分子相互作用，触发细胞内部的信号转导途径，这些信号途径可以诱导细胞内部的化学反应和生理反应的发生，从而对细胞的行为和功能产生影响。总之，磷脂双分子层在细胞膜的结构和功能中起着核心作用，是细胞生命活动的基础。

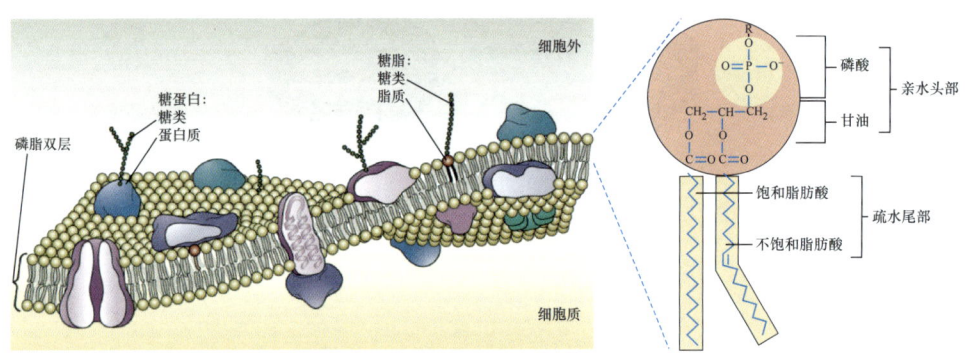

图 1-3 细胞膜和磷脂分子
图片来源：Parker et al., 2016

1.3.2 细胞器膜

细胞器膜指细胞内各种细胞器的外层薄膜。这些膜由脂质和蛋白质组成，在不同的细胞器中具有不同的组成成分和功能。例如，线粒体膜和叶绿体膜是由两层磷脂分子组成的，而核膜则由四层磷脂分子组成。细胞器膜的主要功能是保护细胞器内的物质和控制物质进出细胞器，以及与细内的信号分子相互作用,从而触发细胞内部的信号转导途径。此外,细胞器膜广阔的膜面积为酶的附着提供位点,为生物演化出更高效的细胞代谢途径提供条件,且减少了细胞代谢之间的相互干扰。

1.3.3 外骨骼与骨骼

外骨骼(exoskeleton)与骨骼是生物体个体层面两种不同的支撑结构,它们在生物体的构成和功能中具有重要作用。外骨骼由坚硬的壳质物构成,常见于节肢动物,如虾、蟹、昆虫等。外骨骼的主要功能是提供生物体的支撑,同时防止生物体内水分大量蒸发并能保护内部器官。此外,外骨骼还可以提供位置标记,帮助生物体感知周围环境并做出相应的行为反应。骨骼是脊椎动物体内的一种硬质结构,主要由钙质和磷酸盐组成。与外骨骼主要功能相同,骨骼为生物体提供支撑和保护,其中头骨和脊椎对中枢神经系统的保护尤其重要。此外,骨骼也可以作为造血器官,生产红细胞和储存矿物质。

第 2 章

生命的新陈代谢

> 生物圈

新陈代谢（metabolism）简称代谢，是生命活动的基本表现，指生物体内部物质和能量代谢，以及生物体与外环境进行物质与能量交换的过程。生物要从外界摄取其所需的物质和能量，并把它们转变成自身的物质和能量；同时又将体内原有的物质分解，并把代谢废物排出体外。生物体不是孤立存在的，在其一生中，每时每刻都与外界环境发生着复杂的联系，而这种联系包含着许许多多的化学过程。随着地球环境条件的改变，为了更加适应环境，生物自身的代谢过程也会改变。

2.1 化能自养 Chemoautotrophy

化能自养（chemoautotrophy）指不依赖于光，通过内源化学反应获得能量，利用二氧化碳满足全部或主要碳需求的微生物营养类型。化能自养型微生物指能够利用化学能将无机物合成为有机物并储存能量的一类微生物。如化能自养细菌通过化能合成作用，最终将获得的能量存储在有机物中。通常，化能自养类型包括硫酸盐还原作用（sulfate reduction）、硝酸盐还原作用（nitrate reduction）、硝化作用（nitrification）和产甲烷作用（methanogenesis）等。

2.1.1 硫酸盐还原作用

硫酸盐还原菌是一种厌氧的微生物,广泛存在于土壤、海水、河水、地下管道以及油气井等缺氧环境中。它们能利用金属表面的有机物作为碳源,并利用细菌生物膜内产生的氢,将硫酸盐还原成硫化氢(H_2S),即硫酸盐还原作用(图2-1)。在这个过程中,硫会得到8个电子并且产生多个中间产物。硫酸盐还原主要有4个步骤:

①硫酸盐的运输:由于催化硫酸盐还原的酶位于细胞质内或位于细胞膜上,所以硫酸盐只有进入细胞内才能被还原。

②硫酸盐的激活:硫酸盐的化学性质稳定,不能直接从代谢产物接受电子,不易被还原。在硫酸盐被还原前,细菌会在硫酸腺苷转移酶的作用下消耗ATP,将硫酸盐激活,在这步反应中硫酸盐会生成腺嘌呤磷酰硫酸盐(APS)。

③APS的还原:APS在APS还原酶的作用下继续转化成亚硫酸盐和磷酸腺苷。

④亚硫酸盐的还原:亚硫酸盐还原至硫化氢的反应中有6个电子转移。

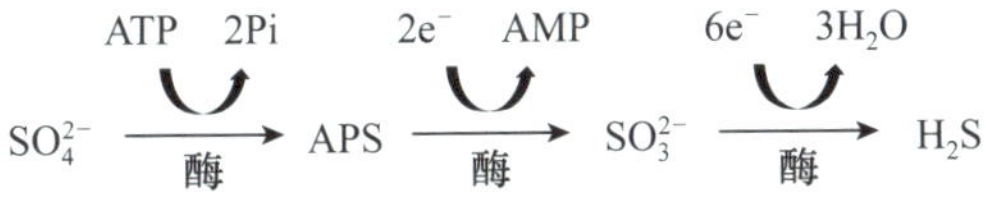

$$SO_4^{2-} \xrightarrow[\text{酶}]{ATP\ 2Pi} APS \xrightarrow[\text{酶}]{2e^-\ AMP} SO_3^{2-} \xrightarrow[\text{酶}]{6e^-\ 3H_2O} H_2S$$

图2-1 硫酸盐的还原途径
Pi为无机磷酸盐,AMP为单磷酸腺苷

2.1.2 硝酸盐还原作用

有些细菌具有还原硝酸盐的能力，可将硝酸盐还原为亚硝酸盐、氨或氮气等，该过程称为硝酸盐还原作用。硝酸盐还原有两种途径，即同化型硝酸盐反应和异化型硝酸盐反应。同化型硝酸盐反应指植物和微生物把硝酸盐吸收至体内，并将它们还原成铵，进一步转变为细胞组分；异化型硝酸盐还原是指在无氧或者微氧环境下某些微生物进行的硝酸盐呼吸，这个过程是将硝酸根或者亚硝酸根代替氧气作为最终电子受体的呼吸代谢，微生物可以从这个反应中取得能量。

2.1.3 硝化作用

硝化作用是指氨在硝化细菌作用下氧化为硝酸的过程。硝化作用通常分为两个阶段：第一阶段为亚硝化，即铵根（NH_4^+）氧化为亚硝酸根（NO_2^-）的阶段，通常由亚硝化细菌完成；第二阶段为硝化，即亚硝酸根氧化为硝酸根（NO_3^-）的阶段，通常由硝化细菌完成（图2-2）。

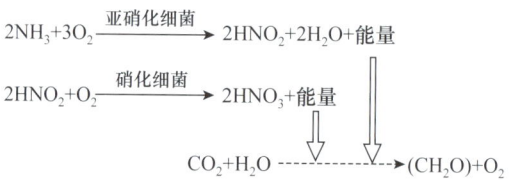

图 2-2 硝化作用

• 2.1.4 产甲烷作用

产甲烷作用，又称甲烷生成，是微生物代谢中重要且广泛的形式。可以生成甲烷的微生物称作产甲烷菌。在产甲烷作用过程中，进入缺氧环境的有机物一般经以下步骤进行分解：

① 水解作用：复杂的有机物经过一系列酶的作用转变成单糖物质，之后再进一步发酵生成二氧化碳、氢气和脂肪酸等。

② 在互营氧化细菌的作用下，脂肪酸被氧化生成乙酸、氢气和二氧化碳。

③ 乙酸、氢气和二氧化碳分别被乙酸型和氢型产甲烷菌[一种古菌（archaea）]利用产生甲烷（图2-3）。

由此可见，有机质厌氧降解由上述厌氧食物链协同进行，甲烷是厌氧食物链的最终产物，而产甲烷菌是有机质厌氧降解食物链的末端成员。

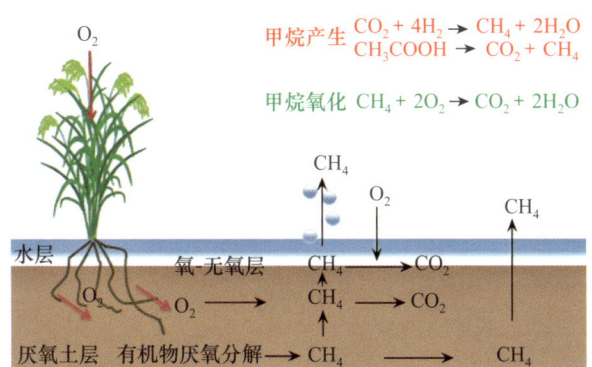

图2-3 湿地及水稻土系统的甲烷产生及氧化作用
图片来源：张坚超等，2015

2.2 光能自养
Photoautotrophy

光能自养（photoautotrophy）是指利用光合作用将光能转变为化学能，是地球上最重要的生物过程之一，能进行光合作用的生物叫光养生物（图2-4）。大部分光养生物也是自养生物，能够以二氧化碳作为唯一碳源生长，利用光能将二氧化碳还原成有机化合物。也有一些光养生物以有机碳作为碳源，这种生活方式被称为光能异养（photoheterotrophy）。

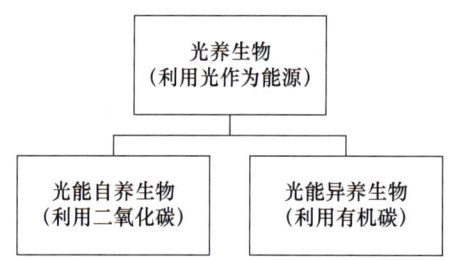

图2-4 按照能源和碳源对光养生物进行分类
在自然界中，光养生物根据生境可利用的资源变换代谢模式，
光能异养通常抑制光能自养

光能自养生物的生长以两组不同的反应为特征：① ATP 的产生；② 二氧化碳还原为有机化合物。自养生长的能量由 ATP 供给，来自还原型辅酶Ⅰ（NADH）或还原型辅酶Ⅱ（NADPH）的电子被用于二氧化碳的还原。NADH 或 NADPH 则由 NAD^+ 或 $NADP^+$ 被多种电子供体的电子还原

产生。为了驱动自养反应，有些光养细菌从周围环境中的电子供体获得还原力，典型的电子供体有还原态硫源（H_2S、S^{2-}、SO_3^{2-}）或氢气。由于该过程不产生氧气，因此所进行的光合作用称为不产氧光合作用（anoxygenic photosynthesis）。与之相反，绿色植物、藻类和蓝细菌（cyanobacteria）利用水这一弱电子供体为还原力，将 $NADP^+$ 还原为 NADPH，水分子氧化后产生氧分子作为副产物。由于该过程产生了氧气，这些生物进行的光合作用被称为生氧光合作用（oxygenic photosynthesis）。不产氧光养生物从类似硫化氢等物质产生 NADH 时，根据生物体的不同，可以直接由光驱动，也可以间接由光驱动。而产氧光养生物则总是由光驱动，将水氧化为氧气（图 2-5）。

产氧光合作用

$$6CO_2 + 12H_2O \xrightarrow[\text{酶}]{\text{光能}} C_6H_{12}O_6 + 6O_2 + 6H_2O$$

不产氧光合作用

$$CO_2 + 2H_2A^* \xrightarrow[\text{酶}]{\text{光能}} [CH_2O] + 2A + H_2O$$

*H_2A 为 H_2O、H_2S、H_2，或其他电子供体

图 2-5 光合作用类型

• 2.2.1　不产氧光合作用

在光养生物中，光介导生成 ATP 的过程包括通过一系列电子载体所进行的电子运输，这些电子载体在光合作用复合物中按还原电位从负电性到正电性的顺序依次排列，这样酶就可以利用质子动力合成 ATP。

光养生物驱动能量转换的核心组分是光反应中心，紫色光养细菌的光合

器包含在各种形态的胞质内膜系统中,膜泡囊(载色体)或膜片层是常见的膜类型。紫色光养细菌的反应中心包含3种多肽,分别为L、M和H亚基,这些蛋白质亚基深嵌在光合膜内并跨膜若干次。L、M和H亚基与反应中心光化学复合物连接,后者包括被称为特殊配对的2个细菌叶绿素a分子、2个功能未知的其他细菌叶绿素a分子、2个细菌脱镁叶绿素分子(细菌叶绿素a脱去1个镁原子)、2个醌分子以及2个类胡萝卜素色素分子。反应中心的所有组分整合在一起,其整合方式可使它们以极快的电子运输反应相互作用,最终产生ATP。

2.2.2 产氧光合作用

与不产氧光养生物相比,产氧光养生物中电子流包括两个截然不同但相互联系的光化学反应。产氧光养生物利用光能产生ATP和NADPH,用于产生NADPH的电子来源于水分解成氧气和电子的反应。光反应的两个系统分别叫作光系统Ⅰ和光系统Ⅱ,每个光系统都有一个光谱性质不同的反应中心叶绿素a。光系统Ⅰ的叶绿素为P700,吸收波长较长的光(远红光),而光系统Ⅱ的叶绿素为P680,吸收波长较短的光(近红光)。与不产氧光合作用一样,产氧光合作用的光化学反应也发生在膜内。在真核细胞内,这些膜位于叶绿体(chloroplast)中;在蓝细菌中,光合膜堆积排列在胞质中。但在这两类光养生物中,膜的排列方式是相似的,两种类型的叶绿素a都结合在膜内特定的蛋白质上并相互作用。

最初从原始海洋中起源的生物,只能利用当时原始海洋中丰富的有机物进行异养代谢。演化过程中出现的光合作用,使生物能利用水通过释放氧气改变原始大气的成分,这为需氧生物的生存提供了条件。氧气增多和太阳紫外线的照射,在地球大气上层形成厚厚的臭氧层,臭氧层吸收了阳光中绝大部分的紫外线,进一步为生物的登陆创造了有利条件。植物和动物登陆后,通过与环境之间的相互作用、相互影响、共同演变和适应,最终形成了如今的面貌。

2.3 化能异养 Chemoheterotrophy

化能异养(chemoheterotrophy)指由不依赖于光能的内源化学反应获得能量,利用有机物满足全部或主要碳素需求的微生物营养类型,可分为腐生型、寄生型和捕食型三种。其中腐生型化能异养微生物可以从无生命的有机物中获得营养物质,一些可以引起食品腐败变质的霉菌和细菌就属于这一类型,如梭状芽孢杆菌、毛霉、根霉、曲霉等。寄生型化能异养微生物从有生命的有机物中获得营养物质,主要有病毒、噬菌体、立克次氏体等。捕食型则是我们熟知的大部分后生动物和具备胞吞能力的原生动物。

2.4 光能异养
Photoheterotrophy

光能异养是指一类生物能够利用光合作用产生的有机物来满足自身的能量需求，但这些有机物通常来自其他生物的代谢产物。这类生物通常不能通过自营方式自养，因此需要从其他生物中获取有机物来维持生命活动。

常见的光能异养生物类型包括光能合成细菌和光能合成古菌。光能合成细菌通常为革兰氏阴性菌，如红微菌属（*Rhodomicrobium*）等，它们能够利用光能，以简单有机物（如有机酸、醇等）为供氢体来同化二氧化碳。光能合成古菌则是一类能够进行光合作用的古菌，如嗜盐杆菌属（*Halobacterium*）等，它们主要分布在盐湖、盐碱地等高盐环境中。

光能异养型生物的分布环境因种类而异，但通常分布在同时具备光照和溶解性有机质的生态系统中，如湖泊、河流的表层水体、土壤表层等。这些环境中通常含有丰富的光合细菌和其他微生物，它们之间形成了一种复杂的生态系统。

2.5 动物的呼吸作用
The respiration of animals

动物的呼吸作用（respiration）指生物体内的有机物在细胞内经过一系列的氧化分解，最终生成二氧化碳或其他产物，并且释放出能量的总过程。呼吸作用可以分为有氧呼吸和无氧呼吸（图 2-6）。在真核生物出现以前，原核生物可以在细胞膜上进行有氧呼吸。那么真核生物是怎么产生线粒体（mitochondrion）这一细胞器的呢？有一个假说认为真核生物通过胞吞作用将一些原核生物吞噬进入细胞内，神奇的是这些原核生物没有被消化，而是在真核生物体内复制，存活了下来。随着时间的推移，原核生物就成为真核细胞中一个稳定的存在——线粒体。

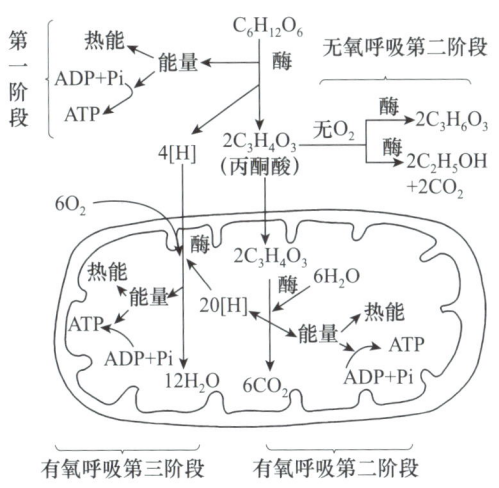

图 2-6　有氧呼吸和无氧呼吸

2.5.1 有氧呼吸

有氧呼吸主要分为三个阶段：糖酵解、丙酮酸脱羧与柠檬酸循环、电子传递与氧化磷酸化。

糖酵解发生在细胞质基质中。糖酵解指葡萄糖在无氧条件下被分解，生成2分子丙酮酸并释放少量能量。糖酵解是有氧呼吸和无氧呼吸的共同途径，也是真核细胞和细菌摄入葡萄糖后最初经历的酶促反应过程。

糖酵解生成的丙酮酸先在线粒体基质中脱羧生成乙酰辅酶A和二氧化碳，其中乙酰辅酶A再进入柠檬酸循环进一步被分解。在柠檬酸循环的一系列反应中，关键的化合物是柠檬酸。因为柠檬酸有3个羧基，所以这个反应又称为三羧酸循环，简称TCA循环。乙酰辅酶A通过柠檬酸循环进行脱羧和脱氢反应，最后羧基会生成二氧化碳，氢原子则随着载体（NAD^+、FAD）进入电子传递链，经过氧化磷酸化作用形成水分子并将释放出的能量合成ATP。

氧化磷酸化作用指与生物氧化作用相伴而生的磷酸化作用，将生物氧化过程中释放的自由能用以使ADP和无机磷酸生成高能ATP。氧化磷酸化是需氧细胞生命活动的主要能量来源，是生物产生ATP的主要途径。真核生物的电子传递和氧化磷酸化都是在细胞的线粒体内膜上发生的，原核生物则是在细胞膜上发生。

2.5.2 无氧呼吸

无氧呼吸是指在厌氧条件下，厌氧或兼性厌氧微生物以外源无机氧化物或有机物作为末端氢（电子）受体时发生的一类产能效率较低的特殊呼吸。

无氧呼吸主要分为两个阶段：第一阶段为发生在细胞质基质中的糖酵解；第二阶段也发生在细胞质基质中，丙酮酸在不同酶的催化下，分解为酒精和二氧化碳或者转化为乳酸。无论是分解成酒精和二氧化碳还是转化成乳酸，无氧呼吸都只在第一阶段释放出少量的能量，生成少量ATP。葡萄糖分子中的大部分能量还存留在酒精或乳酸中。

第 3 章

现代地球生物圈的基本特征

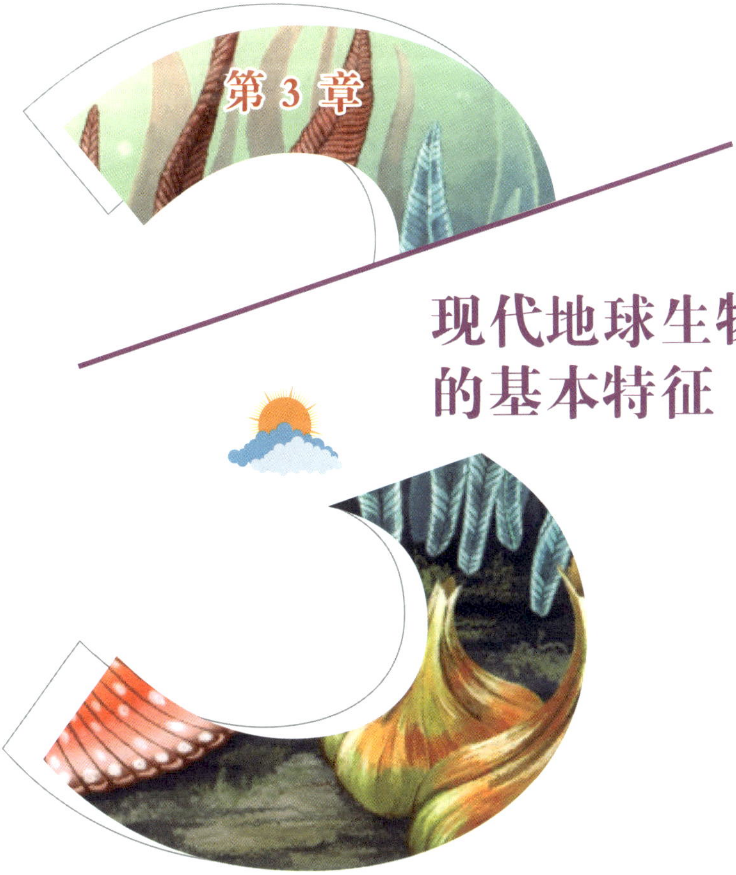

> 生物圈

3.1 生物圈的概念
The concept of the biosphere

生物圈并不是地球上有严格确定的物理空间的圈层,而是地球上所有活着的和死亡的生物与其相应环境构成的统一整体,是生命物质和非生命物质的自我调节系统,是行星地球特有的圈层。生物圈为生物的生存提供了基本条件:营养物质、阳光、空气、水、适宜的温度和生存空间。

生物圈主要由两大部分组成:生物有机体和非生物物质。根据生物有机体获取能量的方式,可将它们分为生产者(主要指绿色植物)、消费者(主要指动物)、分解者(主要指细菌和真菌)三类。生物有机体既是生物圈的核心,也会作为环境本身的一部分对生物圈起作用。非生物物质包括水、氧气、氮气、二氧化碳、酸、碱、盐等所有生物有机体之外的元素和化合物。它们组成了生物圈中的大气、水体、土壤、岩石,当它们能被生物有机体利用或对生物有机体产生影响时,则视它们参与生态系统的组成。

绿色植物是主要的生产者,通过光合作用合成有机物并将光能转化、储存下来,为生态系统中其他生物提供能量。动物则是消费者,它们通过食物链层层转化能量,使能量和物质得以在生态系统中循环。微生物是生态系统中主要的分解者,将有机物转变为无机物,释放出能量和养分,同时不同类型的微生物也有其他功能,比如光合作用和固氮等。

第3章 现代地球生物圈的基本特征

生物体不可能离开无机环境而生存，大气圈、水圈、土壤及岩石为生物圈提供了物质基础。大气层由气体、杂质和水汽构成，为目前地球上的生物提供了生存必需的氧气和二氧化碳。约70%的地球表面被水覆盖，包括冰川、河流、湖泊、海洋等，它们为生命起源创造了条件，为生物提供必需的水分，同时还帮助形成了各种不同类型和规模的生态系统。土壤是由岩石经风化作用以及环境、生物等因素影响下形成的，为大量的动物、植物、微生物提供了水分、养分和生长空间，由此参与了物质循环和生态系统中各种生态过程。

总而言之，生物圈是由多种成分构成的，这些成分之间相互作用、相互影响，形成了一个复杂的全球生态系统（图 3-1），其中的所有生物和非生物特征都会随着时间的流逝发生变化，使得生物圈的特征也在不断改变。

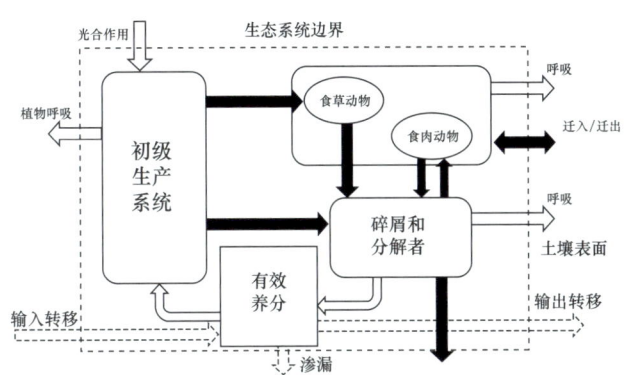

图 3-1 简化的生态系统概念图
白色箭头表示能量，黑色箭头表示生物量，虚线箭头表示水分
图片来源：参考自 S. E. 约恩森《生态系统生态学》

> 生物圈

3.2 生物圈的多样性组成
The diverse composition of the biosphere

地球上动物、植物及微生物的种类有 600 万～1400 万种，也有人认为有 3000 万甚至 1 亿种。被确认的物种大约有 200 万种，其中植物 50 多万种，动物 150 多万种，大量稀有物种分布在湿地、热带雨林及海洋中。还有许多生物未被发现或是没能加以分类。

过去往往把地球上的生物界分成植物和动物两部分。植物多是自养的、不运动的或是被动运动的；动物则是以植物和其他动物为食的异养生物，能够运动。某些低等生物介于动物和植物之间，如眼虫藻在水中做旋转式快速前进，具有动物的特征，但其体内含有叶绿体，能进行光合作用制造食物，这又是一般植物的特征。于是，人们对生物的分界就有了许多不同的方案。

魏泰克（R.H.Whittaker）在 1969 年创立了五界学说，将生物分为原核生物界、原生生物界、动物界、植物界和真菌界。1990 年，卡尔·乌斯（Carl Woese）提出三域学说（表 3-1），包括古菌域、细菌域和真核生物域。在此基础上，真核生物进一步被划分为四个主要的界：原生生物界、真菌界、植物界、动物界，因此出现了六界学说（表 3-2）。

第 3 章 现代地球生物圈的基本特征

表 3-1　五界学说、三域学说、六界学说的划分比较

划分系统	提出者	划分					
五界学说	魏泰克	原核生物界	原生生物界	真菌界	植物界	动物界	
三域学说	卡尔·乌斯	古菌域	细菌域	真核生物域			
六界学说	卡尔·乌斯	古菌界	真细菌界	原生生物界	真菌界	植物界	动物界

表 3-2　卡尔·乌斯六界学说的主要内容

域	界	特点
古菌域	古菌界	① 生态嗜极，多生活在高温、高盐等极端环境； ② 古菌的细胞壁、细胞膜、生化反应过程、遗传学特征等都不同于真细菌； 例：产甲烷菌、极端嗜热菌、极端嗜盐菌
细菌域	真细菌界	① 不具备细胞核，遗传物质为环状 DNA，裸露在细胞质中； ② 细胞壁成分为肽聚糖，细胞器只有核糖体，缺乏膜类细胞器； 例：蓝细菌、革兰氏阳性菌
真核生物域	原生生物界	① 有细胞核、膜状细胞器； ② 单个细胞独立生存，生活方式为异养或光能自养； 例：鞭毛虫、衣藻、甲藻、黏菌
	真菌界	① 有细胞核、膜状细胞器； ② 异养生物，在生态学上担任分解者角色； ③ 细胞壁中含有纤维素与几丁质； ④ 可以无性生殖，有些种类也具备有性生殖的能力； 例：酵母菌、担子菌（蘑菇）、霉菌
	植物界	① 具有纤维素成分的细胞壁，茎叶组织细胞内具有叶绿体，能够进行光合自养； ② 能够利用孢子或种子进行有性生殖； 例：苔藓植物、蕨类植物、裸子植物、被子植物
	动物界	① 没有细胞壁和叶绿体，异养生活； ② 通常具有神经和肌肉，能实现原地运动或移动； ③ 对环境刺激十分敏感，能迅速对刺激做出反应； 例：节肢动物、棘皮动物、爬行动物

3.2.1　原核生物的特征与分布

根据核区有无核膜包裹，可将生物细胞分为真核细胞和原核细胞两大类。原核细胞核区无核膜包裹，遗传物质以裸露的环状 DNA 形式卷曲存在

（图3-2），DNA分子卷曲的区域称为拟核区。一个原核细胞至少有一个拟核区。由原核细胞构成的生物称为原核生物，原核生物几乎都由单个原核细胞构成，包括真细菌和古菌两大类。

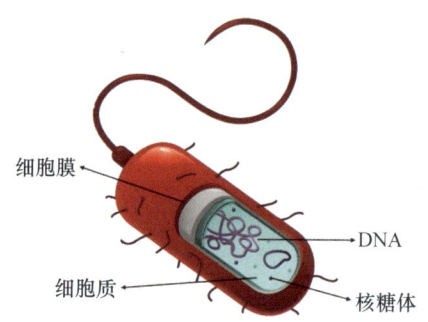

图3-2　原核细胞的模式图
图片来源：Martin，2016

原核细胞一般体积较小，直径为 0.2～10 μm，细胞结构简单，繁殖快。其细胞质中有许多核糖体用于合成蛋白质，除核糖体外无其他细胞器。原核细胞的细胞膜主要成分是磷脂和蛋白质，其中磷脂构成了细胞膜的基本骨架，而蛋白质和物质进出细胞、细胞与外界进行信息交流以及某些代谢（如细胞呼吸）有关。大多数原核细胞的细胞膜外面还有比较坚固的细胞壁，具有保护和支撑细胞的作用。某些原核细胞的细胞壁外面还有一个黏稠的外套，称为荚膜（capsule），进一步保护细胞和有助于细胞附着在一些物体的表面。某些细菌表面有突出物，短的称为菌毛（pilus），长的称为鞭毛（flagellum）。菌毛可以帮助细菌附着在一些物体的表面，鞭毛推动细菌在液体环境中前进。

真细菌根据外形特征，大致分为细菌、蓝细菌、支原体、衣原体、立克次氏体和放线菌（*Actinomycete*）等多个家族。古菌通常生活在高温、低温、强酸和强碱等极端特殊环境中，根据其生活环境和代谢方式，主要分为嗜盐古菌、产甲烷菌、嗜热古菌和氨氧化古菌等。

3.2.1.1　现代真细菌的分类和分布

细菌：多数细菌的直径为 0.5～5 μm；根据形态，细菌可分为球菌、杆菌、弧菌和螺旋菌等。细菌的细胞结构包括细胞壁、细胞膜、核糖体和拟核等，部分细菌还有荚膜和鞭毛。所有细菌的细胞壁都具有肽聚糖，常用的抗生素——青霉素能抑制肽聚糖的合成，从而阻止细菌细胞壁的形成，以杀灭细菌。细菌的细胞膜能将细胞与外界环境分隔开和控制细胞与外界环境选择性地进行物质交换。细菌遗传物质以裸露的环状 DNA 形式存在，聚集在不规则的拟核区，其所含的遗传信息量足够指导合成 2000～5000 种蛋白质。某些细菌（如大肠杆菌）还具有鞭毛，直径约为 20 nm。鞭毛仅由鞭毛蛋白构成，由细胞膜上的质子顺浓度梯度跨膜流动供能。某些细菌（如肺炎链球菌）的细胞壁外有一层透明胶状物质——荚膜，荚膜的成分一般为多糖，少数是蛋白质或多肽，具有逃脱哺乳动物免疫系统攻击等保护作用。

细菌是自然界中分布最广、个体数量最多、与人类关系极为密切的原核生物，在生态系统的物质循环中主要负责将遗体残骸中的有机物分解成无机物，处于分解者的关键地位。在人体内部和外部以及我们生活的周围，到处都有大量的细菌聚集，细菌聚集的地方通常会散发出一股特殊的臭味或者酸败味，如保存不当的食物发生腐败就与细菌的繁殖息息相关。部分细菌可生活在极端环境，如水生栖热菌（*Thermus aquaticus*）可生活在 45～80℃ 的环境中，可为 PCR（聚合酶链式反应）技术提供耐高温的

生物圈

DNA 聚合酶（Taq 酶）。

蓝细菌：一类演化历史悠久、无鞭毛、含光合色素、能进行产氧光合作用的大型自养原核生物。蓝细菌的体积比其他原核细胞大，直径一般为 1～10 μm，有的可达 60 μm（如巨颤藻，*Oscillatoria princeps*）。蓝细菌的细胞膜外有细胞壁和胶质鞘，细胞壁成分为肽聚糖和纤维素，胶质鞘能为蓝细菌提供营养、保持水分和提供其他保护作用。细胞质部分有很多环状膜片层结构，称为类囊体（thylakoid），类囊体上分布着光合色素及光合作用电子传递链相关蛋白质。遗传物质以裸露环状 DNA 的形式集中在细胞中部，相当于细菌的拟核区，称为中心质或中央体。蓝细菌的胞内还有许多内含物，如脂滴、光合作用相关的酶和气泡（外周为蛋白质鞘，可调节细胞在水中的位置）等。有些蓝细菌会以丝状、片状或中空球状的细胞群体形式存在，群体中可能会出现异形胞的分化，接近多细胞生物生活方式。发菜是一种蓝细菌的丝状体，对防止水土流失具有重要作用，发菜的大量采集易造成土壤荒漠化等环境问题。

蓝细菌广泛分布于自然界，除土壤、各种水体和部分生物体外，甚至分布在岩石表面和高温、低温、盐湖、荒漠与冻原等恶劣环境中。水体富营养化时，蓝细菌会大量繁殖。当蓝细菌数量足够多时，会使水体呈现绿色或蓝色，引起水华，严重影响水体中其他生物的生长繁殖。

放线菌：一类主要呈菌丝状生长，通过孢子繁殖的陆地性较强的原核生物。因早年发现的放线菌菌落中的菌丝通常呈放射状而取名"放线菌"，但近年来发现的某些新类别菌落不呈典型放射状形态，细胞形态特征多种多样。我们日常接触较多的是土壤中的放线菌，泥土所特有的泥腥味，主要由放线菌产生的代谢产物——土臭素（geosmin）引起。

3.2.1.2 现代古菌的分类和分布

古菌涉及的种类繁多,形态多样且各具特点。古菌通常生存在高温、高盐、高酸和高碱等极端环境中,与原始地球环境相适应。古菌形态、细胞结构、DNA 存在形式及基本生命活动方式等与真细菌相似,而基因结构、RNA 聚合酶、基因的表达等又与真核生物更为相似(表 3-3)。科学家推测古菌在真核细胞的起源与演化中可能起到了重要的作用,对古菌的研究逐渐成为热点。古菌最初被分为泉古菌门(Crenarchaeota)和广古菌门(Euryarchaeota),随着新的古菌不断被发现、补充进系统树,古菌目前已发展到 20 多个门(部分分类地位有待进一步证明)。根据近年来的研究,科研人员将古菌主要分为四个古菌超门:广古菌、TACK 古菌、阿斯加德(Asgard)古菌和 DPANN 古菌。

表 3-3 三类细胞基本特征的比较

特征	真细菌	古菌	真核细胞
细胞膜	有(多功能性)	有(多功能性)	有
核膜	无	无	有
核区 DNA	一个(少数多个)裸露的环状 DNA 分子,不与组蛋白结合	由环状 DNA 分子和组蛋白结合	线状 DNA 和组蛋白结合,形成 2 个以上的染色体
核糖体	70S(包括 50S 与 30S 的大小亚单位)	70S	80S(包括 60S 与 40S 的大小亚单位)
翻译起始	fMet(甲酰甲硫氨酸)	Met(甲硫氨酸)	Met
细胞器	核糖体	核糖体	多种细胞器
细胞壁	主要由肽聚糖形成	主要由蛋白质形成,不含肽聚糖	植物细胞壁成分为纤维素和果胶,真菌细胞壁成分为几丁质

注:引自丁明孝等,2020。

生物圈

嗜热古菌生长在温泉、堆肥、火山、海底火山等高温环境中，具有很高的多样性。根据最适温度范围，嗜热古菌分为中等嗜热古菌（45~60℃）、极端嗜热古菌（60~80℃）和超高温嗜热古菌（>80℃）。这些嗜热古菌通过增加细胞膜的饱和脂肪酸含量、DNA中G-C对含量和碱基堆积力等适应高温环境。嗜热古菌的酶同样对高温环境具有适应性，研究这些酶的应用具有重要价值。

产甲烷菌是能够在缺氧条件下将二氧化碳或甲基（甲醇或乙醇等）还原成甲烷的古菌，通过二氧化碳和氢气产生甲烷的属于化能自养型，通过甲醇和氢气或者乙醇和H^+产生甲烷的属于化能异养型。因为产甲烷菌严格厌氧，因此其主要分布于反刍动物瘤胃、土壤、煤层深部、海洋与湖泊缺氧沉积物等厌氧环境中。甲烷是导致温室效应最重要的气体之一和重要的清洁能源，研究产甲烷菌有利于控制温室效应和开发清洁能源。

嗜盐古菌是一类生活在盐田、盐湖、死海等高盐环境中的古菌，根据最适宜生存盐度分为轻度嗜盐菌（0.2~0.4 mol/L NaCl）、中度嗜盐菌（0.5~2.5 mol/L NaCl）、边缘极端嗜盐菌（1.5~4.0 mol/L NaCl）、极端嗜盐菌（2.5~5.2 mol/L NaCl）。嗜盐古菌通过细胞内产生或吸收大量溶质（通常为KCl）、加大酶中酸性氨基酸含量等方式适应高盐环境。嗜盐古菌由于生活环境和细胞成分的特殊性，在制盐业、高新技术业和降解石油污染物等方面具有重要的应用。

氨氧化古菌是首个被发现的生活在非极端环境中的古菌类群，广泛分布在水生和陆生环境中。氨氧化古菌含有的氨单加氧酶，在有氧条件下能将氨氧化为亚硝酸盐并获取能量。氨氧化古菌生理功能的发现极大地改变了人们对全球氮循环的认知，但关于该古菌的很多特点还有待进一步的研究。目前，氨氧化古菌已应用于污染治理、环境保护和开发特殊环境下的脱氮工艺等方面。

3.2.2 真核生物的特征及内共生假说

真核生物是指那些细胞具有成形细胞核的单细胞生物和多细胞生物，种类繁多，包括原生生物界、真菌界、植物界和动物界。与原核生物比，真核生物最大的特点是细胞内含有成形的细胞核，因此人们将这一类细胞命名为"真核细胞"（图3-3）。

真核生物的细胞核由核膜、核仁、染色质和核基质构成，是细胞遗传和代谢的控制中心。核膜具有双层膜结构，控制核质之间的物质交换和信息交流。核膜上有数量不一的核孔，是物质进出细胞核的通道，核孔数量与细胞新陈代谢速率有关。核仁负责大部分rRNA合成和加工，而且是核糖体亚基进行组装的场所，其大小也与细胞新陈代谢速率有关。染色质因易被龙胆紫等碱性染料染成深色而得名，由DNA和组蛋白构成，是真核生物遗传信息的主要载体。核基质是核内除染色质与核仁以外的部分，包括核液与核骨架。

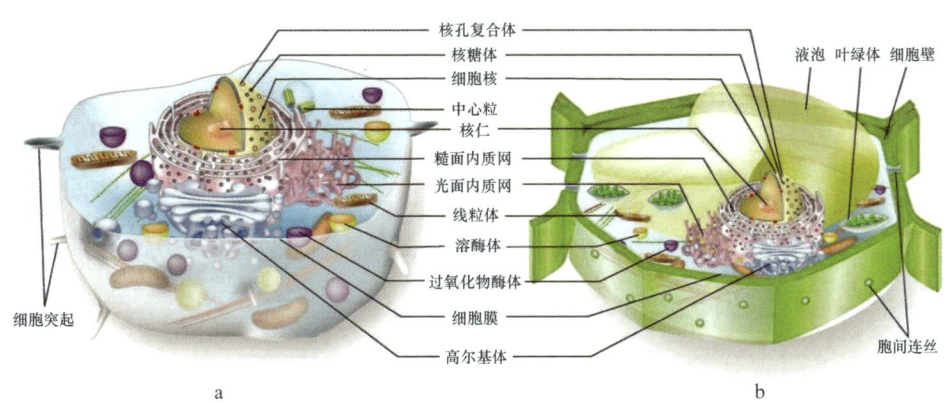

图3-3 动物细胞（a）和植物细胞（b）模式图

> 生物圈

真核生物比原核生物大得多，细胞内部构建成许多精细的具有专门功能的结构单位。在亚显微结构水平上，真核细胞可以划分为生物膜系统、遗传信息传递和表达系统与细胞骨架系统三大基本系统。生物膜系统由细胞膜、核膜和细胞器膜组成。细胞膜控制物质进出细胞和进行细胞间的信息交流。细胞器膜将细胞内的代谢活动区域化分隔开，保证各种代谢活动互不干扰、高效有序。核膜将细胞分为细胞质和细胞核，保证了基因表达的精密调控。遗传信息传递和表达系统是由DNA、RNA与蛋白质构成的复杂体系，包括DNA的复制、转录和翻译过程。细胞骨架系统是由微管、微丝和中间丝装配而成的网架结构，与细胞形态的维持、细胞的运动、胞内信号的传递、胞内物质的运输、细胞分裂和细胞分化等有关。

如何从简单的原核细胞演化成复杂的真核细胞，获得高度复杂有序的细胞核和细胞器，是研究真核细胞起源需要解决的问题。据推测，一些原始真核生物的细胞可能没有真正的细胞核，但已经存在一些特殊的向内凹陷的褶皱细胞膜，以保证某些特殊的细胞代谢能分区进行。这些特殊的褶皱细胞膜进一步凹陷，最终形成了细胞核外的双层核膜，完成了细胞核的演化。

现代真核生物的原核生物祖先需要解决的第二个问题是复杂细胞器的演化。关于线粒体和叶绿体这两个具有半自主性的特殊细胞器的起源，1970年左右美国生物学家林恩·马古利斯（Lynn Margulis）从分子生物学角度提出的内共生假说（图3-4）得到了广泛的认可和支持。

内共生假说认为，线粒体起源于原始真核细胞内共生的有氧呼吸细菌——α-变形菌，叶绿体起源于原始真核细胞内共生的具有光合自养能力的蓝细菌。具体过程可能为：一些体积相对较大的原始真核细胞将某些体积较小的细菌吞入胞内，由于某些目前未知的原因，这些细菌未被消化，而是形成了一种共生关系（symbiotic relationship）。在这个共生关系中，原始真核细胞因为细菌的并入获得了有氧呼吸或光合作用的能力，被吞入的细菌获得了较为安全的生活环境。

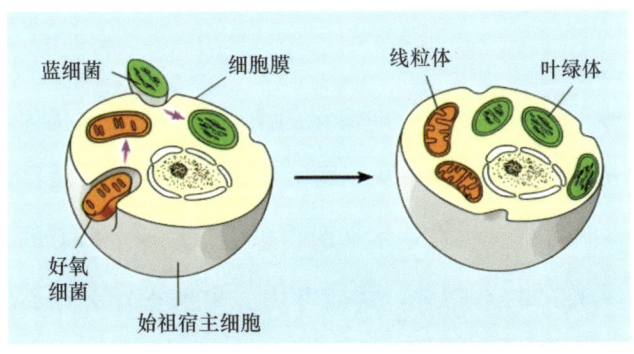

图3-4　内共生示意图

分子生物学研究显示，不同生物之间的共生现象非常常见，生命演化史上就上演了多次内共生。大约15亿年前，真核生物在此基础上分化出了绿藻（Chlorophyta）和红藻（Rhodophyta）两种类型。其中，绿藻的叶绿素有叶绿素a和叶绿素b，而红藻的光合作用色素为叶绿素a、叶绿素d和藻红素，因此构成了藻类演化的"绿枝"和"红枝"两个分支。在后来的演化中，"红枝"全部留在海洋中发展，而"绿枝"从海洋登陆构成了陆生植物。此后，真核细胞之间发生了二次内共生，产生出新的藻类。现在的硅藻、颗石藻、甲藻等浮游藻类，都是二次甚至三次内共生的产物。

> 生物圈

3.3 生命之树的构建
The construction of the Tree of Life

地球上形形色色的生物是长期演化的结果，那么如何描述或表达它们之间的相互关系呢？达尔文于1859年在《物种起源》中首次提出了"生命之树"这一概念（图3-5）。在达尔文的构想中，地球上所有的生物，包括现生物种和已经灭绝的化石物种，都能够用一个树状分支图来表示它们之间的亲缘关系，达尔文的树状分支图也被称为系统发生树。如何描述生物演化历史一直是生命科学研究的关键问题，如今，系统发生树已然成为探索生物亲缘关系与演化过程的重要工具，并形成了一个新生学科——分支分类学（cladistic taxonomy）。

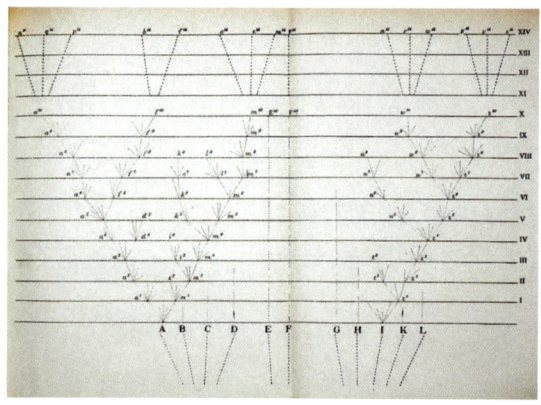

图3-5 达尔文的"生命之树"，此图是《物种起源》第一版中仅有的插图

3.3.1 系统发生树的拓扑结构

要准确解读系统发生树中蕴含的信息，我们必须充分了解系统发生树的拓扑结构及其代表的含义。图 3-6 是一棵典型的系统发生树，反映了鸟类与爬行类的演化关系，我们将以此为例，了解系统发生树的基本结构。

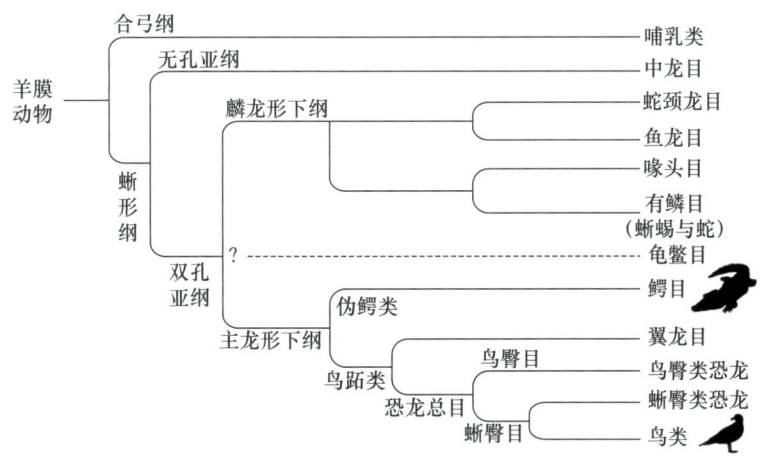

图 3-6 鸟类与爬行动物系统发生树

顶端（tip）：位于系统发生树最末端的小枝被称为顶端，每一个顶端都代表一个现生或已灭绝的分类单元（taxon）。如图 3-6 中，顶端位于系统发生树的右侧，包括龟、蜥蜴、蛇等现生类群，以及非鸟恐龙等已灭绝的类群。

分支（branch）和节点（node）：自顶端至分叉点，构成系统发生树的分支。每一棵系统发生树都是由基部不断分叉产生的，分叉点被称为节点。节点代表由它产生的所有分类单元的共同祖先（common ancestor），节点产生的分支代表该共同祖先的所有后裔。

根（root）：根是位于系统发生树基部的节点，代表系统发生树上全部分类单元的共同祖先。如图 3-6 中，位于左侧的羊膜动物就是该系统发生树的根，它代表了传统意义上的爬行类和鸟类的最近共同祖先。整个生物界的系统发生树的根则对应地球上所有生物的共同祖先，这一假想的共同祖先被称为露卡（LUCA），该词是 The Last Universal Common Ancestor 的首字母缩写。

单系群（monophyletic group）：是由一个共同祖先及其全部后裔组成的类群，也被称为支系（clade）或谱系（lineage），如图 3-6 中的非鸟恐龙与鸟类构成的恐龙总目，蛇与蜥蜴构成的有鳞目等。分支分类学的核心要务是确定单系群，并将其与某一分类阶元，如门、纲、目、科、属等相对应。

并系群（paraphyletic group）：由一个共同祖先的部分后裔构成，如图 3-6 中，非鸟恐龙是恐龙总目的共同祖先的部分后裔，因此非鸟恐龙就是一个并系群。

姊妹群（sister group）：若两个类群来自同一节点，且该节点不产生第三个类群，我们就称它们互为姊妹群。

3.3.2 系统发生树的构建方法

在了解了系统发生树的结构后，我们就能进一步将抽象的树形结构与现实的生物演化过程联系起来，为感兴趣的类群构建系统发生树了。构树的基础是不同生物类群中能够进行比较的性状，而构树的基本任务则是确定一系列单系群。

1. 构树的理论前提

系统发生树的构建基于以下三条基本假设，它们在实践中被证明与真实演化过程基本符合：

(1) 生物演化的基本模式是二歧分支，即一个祖先类群分化为两个后裔类群。

(2) 在演化过程中，生物性状发生改变，祖先保留下来的性状与新生性状能够区分。

(3) 一个单系群内部的分类单元排他性地共享一个最近共同祖先，且均具有共同的新生性状，这一性状来自它们的最近共同祖先，而这一最近共同祖先也位于该单系群内。

2. 构树的材料——性状

人们通过比较各种生物在演化上的亲缘关系来构建系统发生树，而反映不同生物亲缘关系的，不同生物类群中能够进行比较的性状，则是构建系统发生树的材料。这些性状包括外部形态、内部结构、遗传序列、生态和行为特征等。

不同类群具有的源自同一祖先的性状，称为同源性状（图 3-7）。

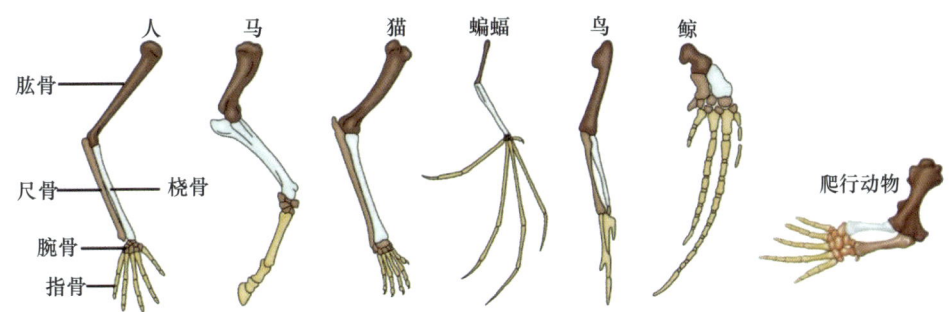

图 3-7 几种动物前肢同源性状的比较解剖学证据
图片来源：Wicander and Monroe, 2009

3. 构树的方法

构建系统发生树即确定多个物种或类群的系统发生树可能的拓扑结构。系统发生树的拓扑结构实际上是系统发生树的分支方式。随着物种或类群数的增加，系统发生树可能的拓扑结构数量迅速增长。构建的系统发生树结构会由于选用的性状不同而产生差异，因此在实际工作过程中，需要将形态学与分子性状的分析结构互相印证。

3.4 生物圈的空间分布
The spatial distribution of the biosphere

生物圈的空间分布受到温度和热量分布的控制。生物的纬度地带性分布规律，就很好地说明了这一性质。纬度地带性是指自然地理环境及其组成要素，按纬度变化方向发生变化，沿纬线方向延伸呈带状分布的特征。生物的这种地带性分异规律，是由于太阳辐射随纬度的梯度变化，引起气候（温度、降水）呈带状分布，从而使生物及其环境也相应地呈带状分布并从赤道向极地有规律更替。

地球上生物的分布在垂直方向上，集中分布于海平面附近，从海平面向上随高度或从海平面向下随深度的增加，生物的数量和种类减少。限制生物向深海分布的主要因素有缺光、缺氧和随深度增加的压力，限制生物向土壤岩石深处分布的主要因素有缺光、缺氧以及缺少生存空隙，限制生物向高空分布的主要因素有缺水、缺氧、低温和低气压。这一垂直方向上的分布特点可以反映出目前地球上大部分生物对于空气和阳光的依赖。

在山地，气温通常随海拔高度增加而降低，降水与空气湿度在一定高度以下随海拔升高而递增，受温度、水分条件制约的植被、土壤等也发生相应的变化，形成植被的垂直带谱，这就是垂直地带性，即山地自然景观及其组成要素随海拔高度递变的规律性。

3.5 地球极端环境生物圈
The biosphere of extreme environments on Earth

3.5.1 深地生物圈

深地生物圈（deep subsurface biosphere）是指陆地及海面以下，不以光合作用作为初级生产者能量来源的黑暗生物圈，主要由微生物，尤其是古菌构成。陆地深地生物圈主要集中在各种沉积环境和洞穴中，海洋深地生物圈则主要分布在深海热液喷口和甲烷冷泉喷口。由于深地环境还原性显著，具有丰富的氢气和甲烷，所以生态系统的基础代谢多是厌氧自养类型。此外，在某些深地生物圈(黑烟囱)中，除微生物外，还存在线虫、环节动物、管虫、节肢动物等复杂的高等生物，从而显得生机勃勃。随着深海探测的深入，人们的一些固有观念也不断遭到刷新——原本以为洋底表面依靠化能自养的微生物群落就已经是海洋深地生物圈的全部，然而随着20世纪末大洋钻探计划（Ocean Drilling Project，ODG）的推进，人们发现不仅深海沉积物中有活的微生物，甚至在地下近2000 m的玄武岩中仍然有些坚强的极端微生物在生存繁衍！

在海底表面的深地微生物几乎都是古菌，但地下的深地微生物却是以细菌为主，古菌较少，细菌主要属于变形菌门和厚壁菌门，古菌则主要属于产甲烷菌和奇古菌门。深地环境中真核生物较罕见，但偶尔也能发现原生动物、真菌、线虫等。值得关注的是，在深地环境中，病毒相当常见，甚至很多深地微生物基因组中都能检测到病毒的基因序列，说明病毒已经和深地微生物共同生存过很长时间。

在深地环境中，裂隙的大小是制约深地微生物的一个重要影响因素。孔隙小于0.2 μm的岩芯样本几乎检测不到微生物活性，但在孔隙为0.2～15 μm的同样深度岩芯中，就能找到深地微生物。为了适应生存空间的限制，深地微生物普遍发生了微型化的演化，它们精简基因组，简化生化反应过程，压缩自身体积，以至于典型的深地微生物直径小于0.2 μm，是地表微生物常见直径的十分之一左右。同时，由于生存资源匮乏，深地微生物的基础代谢极度缓慢，为地表微生物的1%～0.01%。根据代谢速率估算，深地微生物的分裂周期，可能要超过1000年。

3.5.2 海底黑烟囱生物圈

早在19世纪，就有早期海洋科考船，通过最简易的探测设备，发现红海深处存在着海水温度异常大幅增高的现象，但受限于技术水平，未能深入研究。直到20世纪70年代末，那时板块构造论的理论建设已经初步成熟，地质学家们敏感地意识到红海深处的水温异常，极有可能是生长边界新生洋壳物质带来的地球内部热量所致。科学家们最终在1977年发现了海底热液生物群落。

深海黑烟囱这个生机勃勃却又诡谲奇异的生物群落，吸引了科学家极大的兴趣。科学家当即猜测这个不见阳光的生态系统，必然有持续稳定的能量输入来源，而这个能源，很可能就是一直在苦苦探寻的海底热液喷口。但俗话说好事多磨，直到1979年，海底热液活动喷口，即深海黑烟囱的本体才被正式发现。这之后，随着经验的累积，科学家对海底热液喷口的分布规律有了更深刻的认知，海底热液喷口的探索不断取得突破。迄今为止，科学家已标记出600多处海底热液喷口，并建立了资源共享数据库，供全球研究者及时获取研究动态，分享研究成果。

海底黑烟囱主要集中在洋中脊上，但在弧后盆地、火山热点，乃至海沟中，只要是洋壳活跃部位都有发现。近年来，甚至在贝加尔湖这样的断层湖湖底也有发现。由于研究对象众多，热液的形成过程已经比较清楚：海水在洋壳活跃部位，沿着岩石裂缝向下渗透，抵达岩浆房上部，被高温的岩石圈加热到400℃以上，并和周围的围岩发生一系列水岩反应，生成许多还原性物质，裹挟各种岩石圈中的金属离子，以超高温的超临界态开始上涌，最终，热液从黑烟囱直径十几厘米的喷口涌出。由于热液溶解了大量的FeS，在接触冰冷海水的那一刻，热液的溶解度急剧下降，FeS作为黑色的矿物成分析出，在热液的推动下，仿佛滚滚黑烟，汹涌翻腾，故将其称为"海底黑烟囱"。热液能持续上冲100～300 m，在达到浮力平衡后开始发生水平扩散。而这些比海水更重的FeS矿物成分，则很快在喷口附近累积下来，不断堆高，以至于发育为十几米高的黑烟囱。由于黑烟囱生长迅速，结构松散，往往也容易发生垮塌，难以长期续存。

深海热液和海水相比，除了物理性质的显著差异外，化学成分也截然不同。一方面，深海热液溶解了大量的气体物质，包括氢气、甲烷、氨、硫化氢、短链烷烃等；另一方面，深海热液还溶解了大量的铁、锰、铜、锌、钙、钡等金属元素，具备良好的成矿价值。但与海水相比，深海热液缺乏氧气和镁离子。深海热液之所以能溶解大量的金属离子，跟它的强酸性有关，深海热液的典型pH值为3。

依附于深海黑烟囱的生态群落非常惹人注目，这些奇怪的生物甚至先于黑烟囱本身而被发现。最吸引眼球的，就是那些攀附在黑烟囱管壁上，十分招摇的巨型管状蠕虫（图3-8），它们红色的身体长达1～2 m，蜷缩在白色的管壳中，密密麻麻，铺满黑烟囱。科学家对它们进行了解剖，却没有发现任何动物应该具有的消化器官，那它们是怎样生存下来的呢？随着研究的深入，科学家发现，这些巨型管状蠕虫身体里面有一种被称为"滋养体"的囊状组织，里面豢养了数以亿计的硫氧化细菌。蠕虫把自己的尾端扎根在黑烟囱管壁上，不断吸取深海热液带上来的硫化氢，同时又依靠长达1 m以上的身体，把头部伸展到远离深海热液的冷海水中，通过羽状的鳃获取海水中的氧气，从而把反应底物硫化氢和氧气供应给硫氧化细菌，达成一种互惠共生的生存之道。巨型管状蠕虫很可能是地球上最长寿的动物，科学家估计它们的个体年龄能超过250岁，或许能带给它们死亡灾祸的也只能是黑烟囱倒塌。巨型管状蠕虫在黑烟囱生态系统中的地位为二级生产者，那么初级生产者是谁？当然是共生在滋养体当中的硫氧化细菌了。

图 3-8　生活在黑烟囱管壁上的巨型管状蠕虫
图片来源：美国国家海洋和大气管理局

黑烟囱不同部位的理化环境差异很大，以至于滋养了多种多样的极端微生物群落，它们各有一套看家本领，通过千奇百怪的化能自养代谢途径，把黑烟囱的几乎所有部位都开发成了生命的家园。黑烟囱中的初级生产者，除了前面介绍的硫氧化细菌外，还有甲烷氧化菌、氢氧化菌、铁氧化菌、氨氧化菌等，它们用各自灵活多样的代谢途径，把无机碳固定成有机物，甚至还能把氨固定成氨基酸，不放过深海热液带来的任何一点营养。热液微生物与大型动物之间有内共生和外共生两种共生方式。典型的内共生如管状蠕虫的滋养体、贻贝的鳃表皮细胞、热液纤毛虫的细胞质等，这些动物组织或细胞结构，能够豢养一批极端微生物，动物为微生物提供反应底物，而微生物则为动物提供有机物和能量。外共生或体表共生代表性的是盲虾口部附肢和鳃室。化能自养微生物为真核生物提供最基础的有机物供应，而真核生物则为化能自养微生物提供宜居的条件，以及更加复杂的生命代谢物质。

不仅两个不同的黑烟囱生态群落构成有差异，同一个黑烟囱不同部位附着的生物也有差异。即便都是管状蠕虫，有的营外共生，把热液微生物附着在体管内表面的微生物席上；有的营内共生，靠滋养体组织在体内豢养极端微生物。由于黑烟囱生态群落非常独立，在整个地球生物圈中的地位极其边缘，因而被认为能够躲过历次物种大灭绝事件，从而成为远古生命的避难所。科学家通过深海探测器研究黑烟囱生物群落，看到的都是古老、原始的生命活动，可以说是"对远古的一瞥"。以至于，对生命起源这个终极问题的探索，黑烟囱也是重要的研究对象之一。

黑烟囱生物群落的演替方式一直是个谜，我们不了解这些奇妙生物的诞生、繁衍和死亡，但有一点可以确信，整个黑烟囱生态群落的发育速度快得惊人：1991年4月，阿尔文号深潜器考察了一个伴随海底火山活动新诞生的热液喷口，那时还没有任何生命活动迹象；1992年3月，再次考察时，发现热液喷口已经布满了体长30 cm的泉口虫（一种小型热液蠕虫）；1993年12月，阿尔文号第三次考察该地点时，发现小型泉口虫已经被体长1.5 m的巨型管状蠕虫群落取代，据测算，这些巨型管状蠕虫的生长速度高达85 cm/a。

• 3.5.3 海底白烟囱生物圈

2000年，在一次对中大西洋海岭深海黑烟囱的考察中，一支由法国和英国科学家组成的深潜团队偶然发现在预定目标1 km远的地方，发现了一座白色巨型构造物。其上突出30个塔尖，仿佛高耸的哥特式城堡，其中最高的塔足足有60 m，该海底构造物被命名为"失落之城深海热液喷口"（Lost City Hydrothermal Field），也就是后来俗称的"白烟囱"——碱性热液喷口（图3-9）。

第 3 章 现代地球生物圈的基本特征

图 3-9 位于大西洋中的失落之城深海热液喷口
图片来源：美国国家海洋和大气管理局

相较于活动剧烈的黑烟囱，白烟囱不那么起眼，它没有喷涌而出的滚烫浓烟，只有一些缓慢溢出的碱性富氢热水羽流，温度为 40～90℃。同时，除了基干部位有一些贝类和腹足类的壳体残余外，白烟囱表面并没有宏观生物群落附着，显得十分冷清，仿佛一座被遗忘的孤城，以至于其发现时期较晚。

人们一开始以为，白烟囱不过是另一种不活跃的黑烟囱罢了，然而根据取样分析，结果却让人大跌眼镜。一方面，从成分上看，白烟囱是碳酸盐岩构成物，与黑烟囱的硫铁化合物有着本质的区别；另一方面，根据同位素测年结果，人们惊讶地发现，失落之城深海热液喷口的年龄竟然超过 12 万年，这与黑烟囱不到百年的生命周期大不一样。而最基础的热液化学性质分析也表明，白烟囱溢出的热液呈碱性，和呈强酸性的黑烟囱热液完全不一样。在内部结构上，白烟囱也呈现出完全不一样的特性，甚至不是一种"烟囱"。黑烟囱通过中央管道排放海底热液，显得浓烟滚滚，因此得名，而白烟囱并不具备这种明显的中央管道。白烟囱通过像海绵一样错综复杂的内部孔隙系统，让碱性热液缓慢稳定地释出，并在与冷海水接触的一刻，沉淀出新的碳酸盐岩多孔构造（图3-10），这使得白烟囱能够稳固生长，不易倒塌。

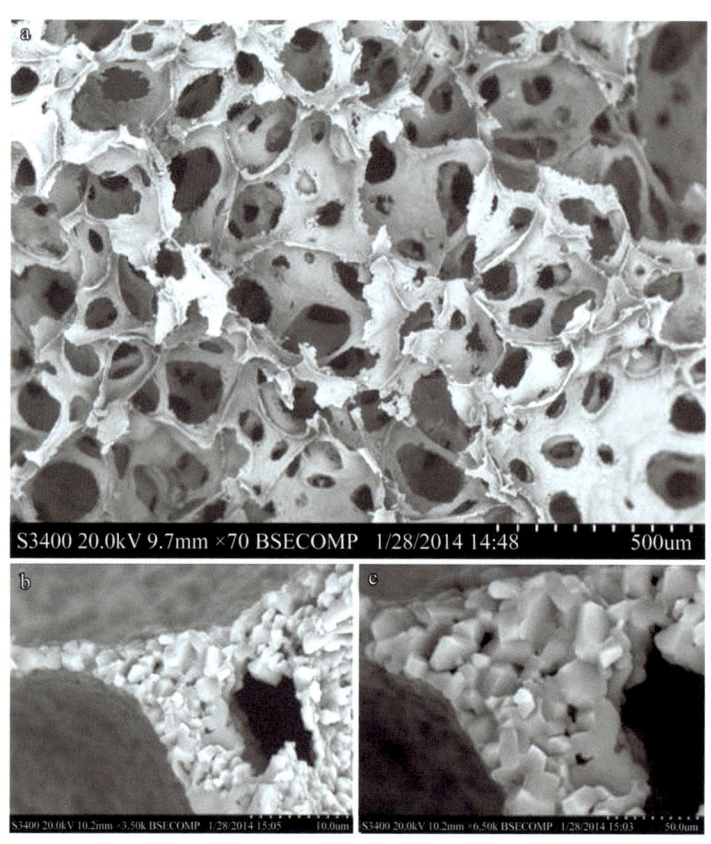

图 3-10　白烟囱内部的碳酸盐岩多孔构造
图片来源：Herschy et al., 2014

白烟囱的基本理化特性和构造特征不同于黑烟囱的内部结构，表明其成因也不同于黑烟囱。洋壳的裂缝深处，并不一定都是岩浆房，也可能是单纯的地幔橄榄岩，其主要矿物成分是晶莹翠绿的橄榄石。橄榄石可以视为硅酸镁和硅酸亚铁的结晶产物，是一种硅酸不饱和矿物，镁离子和亚铁离子排列在硅氧四面体的空隙之中。这是一种不那么稳定的晶体构造，在高温高压环境下，很容易和水发生一系列复杂的水岩反应，我们把这一系列复杂的反应称为蛇纹石化反应。经过蛇纹石化反应，透明翠绿的橄榄石会变成有着复杂纹理的蛇纹石。

蛇纹石化反应其实是一系列非常复杂的氧化还原反应，我们抛开那些烦琐的过程，只关注其中一个环节：

$$2Fe^{2+} + 2H_2O = 2Fe^{3+} + 2OH^- + H_2\uparrow$$

这表明，蛇纹石化反应会产生氢气和氢氧根离子。氢气在高压条件下溶解在水中，随着热液上涌被带到海底表层，氢氧根离子则为热液赋予了碱性，白烟囱的学名——碱性热液喷口，因此得名。同时被带到海底表层的，还有被滚烫的海水溶解的各种矿物质成分。由于热量的来源主要是正常的地温梯度变化和化学反应放热，远远达不到黑烟囱源头接触的岩浆房那么高的温度，所以白烟囱喷流的温度并不高，一般为 40～90℃，以羽流的形式向上扩散到海水中。

相较于热闹得如同海底花园一般的黑烟囱，白烟囱则显得十分冷清，它的喷发物中缺乏足够的硫元素，也就供养不起纷繁复杂的生物群落了。白烟囱的主要初级生产者是一些产甲烷菌，它们通过氧化氢气来获取能量。

3.5.4 海底冷泉生物圈

海底冷泉是指海底之下天然气水合物分解后产生的一些流体组分在海底表面的溢出区域。这些流体通常富含甲烷、硫化氢和二氧化碳等化合物，其中以甲烷为最主要成分（图3-11）。冷泉的温度与周围的海水温度相近，并不比周围海水温度更高，因此被称为"冷泉"，以区别于高温的海底热液喷口（热泉）。冷泉活动区域通常是深海海底生命极度活跃的地方，相比其他深海区域，这里的生命活动更加丰富多样，因此有时被称为"海底沙漠中的绿洲"。冷泉支持着独特的生物群落，这些生物依赖于冷泉中特有的化学环境而生存。很多生物利用冷泉中释放的化学物质进行化能合成作用，即利用化学能而非光能来制造有机物。这些生物包括各种细菌和古菌，它们构成了冷泉食物链的基础。基于这些初级生产者，冷泉区域发展出了复杂的生物群落，包括但不限于贻贝、管虫、毛瓷蟹（图3-12）等。这些生物适应了冷泉的独特环境，并且很多是特有种。

研究冷泉对寻找海底天然气水合物、理解地球深部生物圈和全球圈层相互作用等都具有重要意义。对于全球碳循环的影响而言，冷泉活动释放出的大量甲烷是非常重要的研究对象，因为甲烷作为一种强效温室气体，在全球气候变化中扮演着重要角色。对冷泉生物群落的研究有助于科学家们探索生命起源和生物演化的可能性。

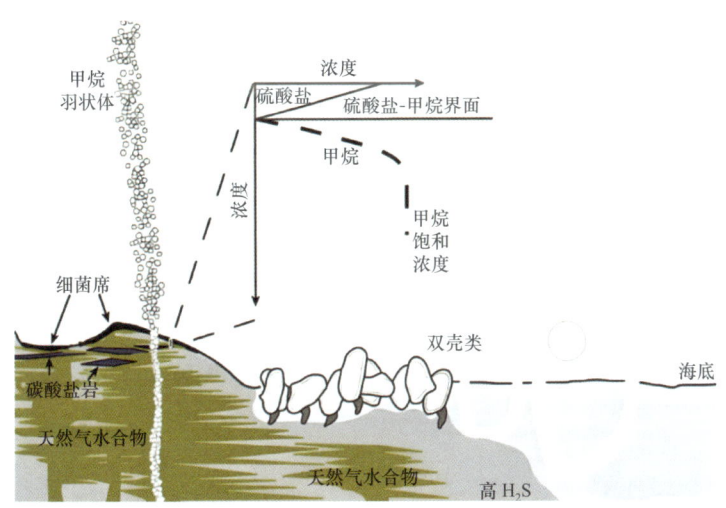

图 3-11 海底冷泉生物圈的生态系统图解

图 3-12 海底冷泉处大量聚集的白色毛瓷蟹，它们依靠螯肢上共生的产甲烷菌获取生命活动的能量
图片来源：中国科学院深海科学与工程研究所

3.5.5 海底玄武岩生物圈

洋壳从上到下依次是深海沉积物、枕状玄武岩层、席状玄武岩层、辉长岩，还可以再加上上地幔顶部的蛇绿岩和橄榄岩构成的蛇绿岩套。海底玄武岩含有丰富的还原性二价铁、二价锰，以及硫的化合物，能为微生物提供可观的能量和营养源。岩浆喷发时携带的二氧化碳、水蒸气等挥发性物质，导致玄武岩表面呈现出气孔构造，渗透性强，是微生物潜在的栖身之所。洋壳中蕴含大量水体，约占全球海水的2%，并且化学活性较为活跃，其中的能量能够被微生物俘获。

海底玄武岩中的微生物丰度非常高，每立方厘米岩石中有 $10^6 \sim 10^9$ 个细胞，比海底底层海水中微生物的丰度高出 $3 \sim 4$ 个数量级。在海底沉积物中，微生物丰度随深度增加呈指数递减趋势，而在洋壳玄武岩中，则没有这种趋势。这种现象说明两种生态环境的微生物代谢途径完全不同——海底沉积物中的微生物依靠海水带来的有机物生存，而玄武岩中的微生物则依赖岩石圈中的无机碳源和氮源。分类学研究表明，洋壳中主要的微生物类群包括：变形菌门、放线菌门、拟杆菌门、绿弯菌门、厚壁菌门和浮霉菌门。洋壳微生物的物种多样性比上覆地层海水中的微生物要高。洋壳诞生之后，一些生物和非生物因素都会改变洋壳的化学组成和矿物学特性，使得原生矿物变成次生矿物，这种变化也会使得生存在其中的洋壳微生物群落发生变化。例如，放线菌只分布在较古老的洋壳中，新生洋壳中没有分布。

洋壳微生物不仅被动地在玄武岩空隙中求生，它们也会主动出击，通过在玄武岩上打洞的形式，主动获取生存资源。虽然目前还没有明确研究出究竟是哪一种微生物建造了这些微小的家园，但科学家的确从这些微小管道中提取到了 DNA 片段和各种生物大分子、小分子。

• 3.5.6 极端环境生物圈与地外生命探索

天体生物学（astrobiology）是一门研究宇宙背景下生命起源、演化、分布和未来发展方向的交叉学科。受限于现阶段的技术手段，以及地外天体的可到达性问题，探索极端环境微生物的生存和演化过程，对于推演地外环境是否能够支持生命活动具有重要的指示意义。我们可以通过研究地球上类似地外天体的恶劣环境，来反演地外生命可能的存在形式。例如，南极永久冻原，常年低温、干燥、寡营养，但光照资源充足，可以用于模拟火星基地冰盖下方或者木卫二（Europa）的冰质表面。又如，在土卫二（Enceladus）的表面有壮观的物质射流（图 3-13），科学家相信在土卫二地表冰层下，有一片热水环境的海洋，这是土星强大潮汐引力作用的结果，而深海热液喷口的嗜热微生物的生存环境，恰好有类似之处。除了这些地球表层的极端环境外，地球深部的地下环境也是研究地外生命的相似性环境。深部环境具有高温、高压、富甲烷、富氢、缺氧、缺水、无光、寡营养的特征，这些都是太空中常见的环境要素，在这些特殊环境中能够找到地球生命的踪迹，也就拓宽了宜居带的范围。

生物圈

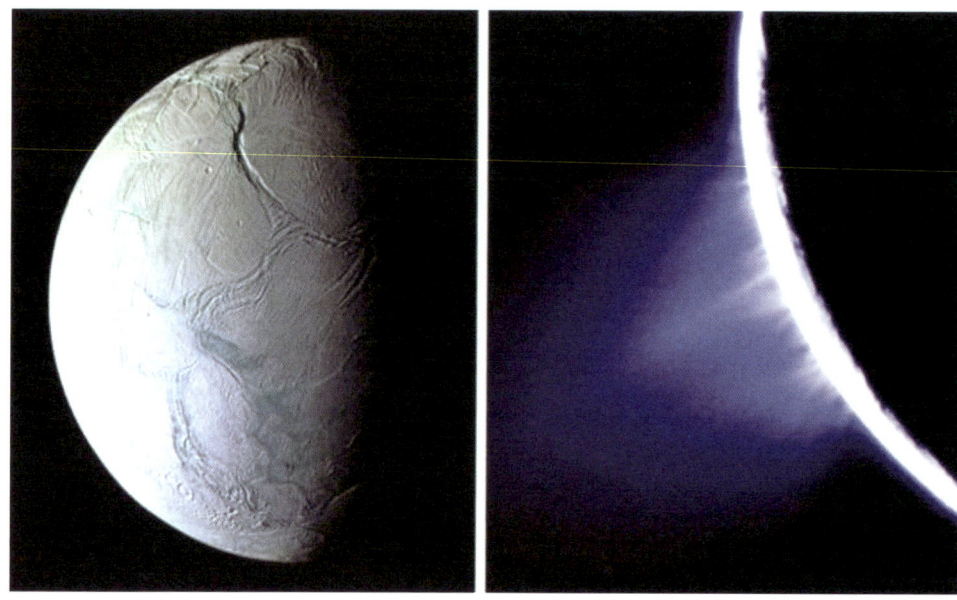

图3-13 土卫二及其冰层下的物质射流
图片来源：美国国家航空航天局

第 4 章

生物圈与地球其他圈层的关系

生物圈

4.1 生物圈与水圈的关系
The relationship between the biosphere and the hydrosphere

生命的起源目前认为来自海洋。大部分生物都需要利用水进行新陈代谢，同时水也是构成生物体的重要物质基础，这意味着几乎全部的生物都在积极地参与水循环。从这一角度看，生物圈和水圈是紧密耦合的。例如，植物对水分具有非常明显的再分配作用，进一步对周围环境或区域的水循环带来巨大影响，包括影响降水、下渗、蒸腾等，通过这些机制，水分在空间和时间上得以重新分配。此外，生物体内的含水量往往能够占到总质量的60%～80%，有些生物甚至能达到90%以上，比如水母，就是一种典型的体内含水量超过95%的生物。

水具有极性，这使其成为自然界中很重要的一种溶剂，可以溶解大量物质，并将一些物质转变为离子态。这对生物——无论是动物还是植物——吸收和利用营养元素起到重要作用。许多营养物质在自然界，比如土壤或生物体内，并非以可被吸收的离子态存在的，在生物地球化学中，往往将其称为惰性状态。水作为溶剂，将固态物质中难以利用的部分转变为生物可以利用的部分，使得生物得以生长。此处所指的物质不仅是无机物或无机离子，如氮、磷等；部分有机物质，如水溶性维生素等，也只有溶解于水中后，才能被生物吸收利用。

4.1.1 生物圈与海洋

4.1.1.1 海洋中的生物

海洋中的生物可以根据其生活区域（生境）和活动规律（移动性）来进行划分，包括浮游生物、游泳生物、底栖生物等。

浮游生物主要指漂浮在水体中生活的生物，包括藻类、动物和细菌。浮游生物和游泳生物的区别在于，浮游生物不能游泳或游泳能力很弱，抑或仅能够做垂直运动，因此浮游生物无法自行决定其在海洋中的水平位置。海洋生物量中的绝大部分由浮游生物构成。

游泳生物主要指能够通过海流或其他驱动方式游泳而独立运动的生物。游泳生物不仅能够决定其在海洋中的位置，还能够大范围迁移，包括鱼类、海洋哺乳类、海洋爬行类以及许多海洋无脊椎动物。游泳动物的生存环境受限于海水的温度、盐度、黏度、可利用的有效营养盐浓度等，同时海水的压强也会限制游泳生物的垂直分布。

底栖生物主要指生活在海底表面或沉积物中的生物。底栖生物往往依附于海底岩石、砂质土、贝壳、泥土等沉积物，种类多样。其在海底表面活动的行迹往往能够被未固结的沉积物保留下来，成为生痕构造。此外，深海热液生物群落也被认为是底栖生物群落，这是一种特殊的生物群落。

4.1.1.2 海洋生物与海洋物理化学条件

海洋中的温度区间远窄于陆地上的温度区间，不像陆地表面动辄数十摄氏度的昼夜温差、好几十摄氏度的气温年较差，海水温度相对稳定。即便

生物圈

考虑全球的海水温度波动范围,极地地区海水表面温度也很少低于-2℃,热带地区海水表面温度很少超过32℃,且仅有表层海水温度会发生较为明显的日变化和年变化,全球深层海水则趋向于2℃上下。由此可见海水温度的稳定性,这对海洋生物的分布和生存起到了重要的影响。有些生物只能在较冷或较暖的水域中生活,这种现象称为"窄温性";有些生物能够承受较大和较快的温度变化,则称为"广温性"。如果将海洋生物与陆地生物相比较,那大部分海洋生物都可以看作是窄温性的。

盐度也会影响海洋生物的生存情况。比如牡蛎往往生存在河口环境中,这意味着其要承受很大的盐度波动,因为涨潮和退潮会使得高盐海水不断进出河口,从而使得河口的盐度发生很大变化;而洪水期和枯水期则会大大影响河流径流量,这也会加剧盐度变化范围。这样的生物称为"广盐性生物"。相应地,只能承受很小盐度变化的海洋生物,则称为"窄盐性生物"。

有的生物能够从海水中提取矿物盐成分,比如二氧化硅和碳酸钙等,这样的生物能够降低海水中溶解物质的量,比如硅藻、放射虫、硅鞭毛虫等能够从海水中提取硅,颗石藻、有孔虫、珊瑚虫等可以从海水中提取碳酸钙。这些生物的存在对海洋生物地球化学元素循环具有重要意义,并且在成岩成矿中也起到了重要作用。

一些可溶性物质,如营养盐分子,会从高浓度区向低浓度区移动,这便是扩散作用。海洋生物的活细胞外膜能够渗透很多分子,从而使得水中的营养物质通过扩散作用,从细胞壁进入细胞内,被生物利用。生物的新陈代谢也会对水体成分产生影响。渗透作用则指不同盐度的水溶液被半透膜(如皮肤)分隔时,水分子通过膜发生扩散,从而使水穿过生物体的半透膜,对海洋生物产生影响。

与渗透有关的例子是咸水鱼和淡水鱼。咸水鱼的体液盐度仅约为海水的1/3，这意味着其与周围海水相比是低渗透的（即体内盐度较低）。如果没有相应的调节手段，咸水鱼体液中的水就会进入周围的海洋中，最终导致咸水鱼脱水而死。因此，咸水鱼会通过喝海水，并通过鳃部的特殊氯细胞向外排出盐分，以及通过排出非常少量的高浓度尿液来保持身体水分。而淡水鱼与周围水体相比则是高渗透的（即体内盐度较高），这使得淡水鱼面临的风险是渗透压达到周围环境的 20～30 倍，因此淡水鱼会通过渗透作用摄入过量的水；同时，为了避免细胞壁因过量摄水而发生破裂，淡水鱼不喝水，而是通过具有吸收盐分能力的细胞进行摄水，同时排出大量稀释的尿液来减少细胞中的水。

除此之外，海洋其他物理化学性质也会对海洋生物产生影响。比如，海洋溶解气体会对海洋生物的生存产生影响。海水温度也会影响海水中气体的溶解量，一般来说，温度升高，气体的溶解度就会降低。高纬度地区富含氧的冷海水下沉到海底，为深海生物补充大量溶解氧。水的高透明度让太阳可见光能够照射到水下 1000 m 左右的深度，大大影响了海水生物的垂直分布。海水压力也会影响海洋生物的垂直分布，深海生物可以通过将体内充满水的方式，向外施加同样的压力，从而使其基本不受海洋高压环境的影响。同时，生物还能够通过调节体内水分来调节自身浮力，从而实现垂直运动。

4.1.2　生物圈与河流、湖泊

内陆水域相较于海洋水域，体量较小，同时分布具有不连续的特征。

生物圈

从水域性质看，可以将其归纳为静水环境，如湖泊、沼泽、池塘、泥塘等，或流水环境，如河流、溪流、泉水等。

和海水一样，一些环境要素可能限制淡水生物的生长和分布。许多淡水生物对温度的忍受范围很窄，多属于窄温性生物；光的透过率也会受到光合作用约束区域悬浮物质多寡的限制，从而对陆域水生环境中的生物产生影响。陆地水域中的氧含量变化较大，最大可达 6 mL/L，是空气浓度的 3%，最低可以降至 0。在还原性的湖泊底部，由于细菌消耗了所有的氧，没有任何好氧生物能够在此生存。在陆地生态系统中，氮和磷在一定范围内起到限制作用，在软质水体中，钙和其他盐类也能起到限制作用。陆地水体的含盐量，除某些矿泉外，远低于海水，一般不超过 0.5%，而海水可以达到 3.5%。

河流生物群的栖息地主要的特征是具有一定的连续性水流。在急流生态系统中，水流的强度对生物起到主要的控制作用，高强度的水流对生物的栖息是不利的，因此生物需要附着或攀爬缠绕在坚硬物质的表面。这样的生存方式也会促进生物这类器官的发育，如绿藻的丝状体，动物的钩状结构、吸盘、黏着的下表面和流线型或扁平的体型等。缓流生态系统则类似于湖泊环境，此时生物的种类与底质有关。例如，在泥沙底质的环境中，底栖生物难以生存，仅有少量掘穴型生物分布；若底质为砾石，则可以分布多种高密度的底栖生物。其中，鱼类是一种典型的在缓流系统中栖息，到急流系统中觅食的生物。

河流自身的生产者不足以维持其中大型消费者的生存。河流中许多初级消费者的食物来源于陆地植被和有机物，有时候，从湖泊水体进入河流的浮游植物和碎屑也可以成为河流中初级消费者的主要食物。因此，河流生态系统是一个高度接受外界相邻系统有机物的接收器，有机物可以来自上游，也可以来自河岸。

相较于河流，湖泊属于静水水域，具有明显的生物分带，即沿岸带、近表层水域带、深部水底带。

沿岸带水浅，光线可以直接射入水底，因而有根植物明显占优，并形成同心圆带分布。沿岸带的消费者往往呈垂直分布。在任何情况下，这里的生物密度和多样性都要高于湖泊的其他部分。

近表层水域带主要指有效光线能够透射的深度内开阔水面，这个深度的光合作用正好和呼吸作用处于平衡状态，因此也被称为补偿深度。在这一深度，光的强度大约为水面的1%。有些湖泊水体，由于小而浅，缺乏近表层水域带。在近表层水域带，生产量占优势的是浮游植物，其中最常见的是甲藻类。浮游动物仅由少数种类组成，但个体数量巨大，尤其是桡足类。这些浮游动物通常具有一个非常独特的特点，即以昼夜为周期进行垂直移动，这主要是由于光线的作用。此外，浮游生物多以浮游植物为食，因此浮游植物种群迅速出现的短时高密度现象会引起浮游动物数量的巨大波动。

深部水底带指有效光透射深度之下的水底和深水区，仅大型深水湖泊可能具有这个带。由于没有光线，因此该带的生物主要依靠沿岸带和近表层水域带得到基本食物；同时，该带更新后的营养物质也能够通过水流和游泳动物输送到其他生物带中。

根据湖泊的营养状况，可以将湖泊分为贫营养湖和富营养湖。典型的贫营养湖水体较深，湖下层深度大于上层，深部的下层滞水带中的氧不会被耗尽。贫营养湖中的浮游生物密度低，沿岸植物稀少，生产力水平较低。相反，富营养湖具有较高的净初级生产力，并由高密度的浮游植物和湖泊边缘植被形成。在夏季，富营养湖的下层滞水带中的氧会被消耗殆尽。值得一提

生物圈

的是，这两种湖泊的界限并非严格划分，不仅存在许多过渡类型的湖泊，而且在人类活动的作用下，两种湖泊可以发生相互转化。例如，农田灌溉所用肥料进入水体后，会使水中氮、磷含量升高，可能进一步导致高密度的浮游生物在水表层死亡后沉入水底，发生腐烂、被细菌分解，从而使得水中的氧被消耗殆尽。

4.1.3 生物圈与冰冻圈

冰冻圈指地球表层连续分布并具有一定厚度的负温圈层，亦称冰雪圈、冰圈或冷圈。冰冻圈的主体生态系统是寒区生态系统，其结构、功能和时空分布格局等，受到冰冻圈要素的影响较深，特别是冻土和积雪的影响，最为广泛。冰冻圈的地理范围主要包括两极地区、青藏高原和中低纬度的高山带。冰冻圈与生物圈既是寒区气候的作用结果，二者之间又存在密切的相互作用。

在局域尺度上，植被因子对冻土的形成与分布的影响具有普遍性，其机理表现在植被覆盖对地表热动态和能量平衡的影响、植被冠层对降水和积雪的再分配，以及植被覆盖对表层土壤有机质与土壤组成结构方面的作用，这些会进一步影响土壤水热状态。具体来说，植被冠层对太阳辐射具有明显的反射和遮挡作用，减缓了地表温度的变化，对冻土水热过程产生直接影响，从而影响冻土的形成与发展。

同时，多年冻土的巨大水热效应，也对植物种类、群落组成与结构及分布格局等具有较大影响。比如，北极北部苔原带，不仅分布有由不规则多边形的平坦石质表面构成的多边形苔原，而且分布有大量土质和泥炭质多边形苔原湿地，这些不规则多边形地形与其下伏的多年冻土性质有关。一般在冰楔体发育较好、规模较大的地区，多边形内部低洼地常形成沼泽湿地，甚至湖泊水域。在多年冻土发育的泰加林带，不同冻土环境营造了广泛分布的寒区森林湿地生态类型，以及不同的森林生物量分布格局。

除此之外，冻土的变化也会对生态系统产生影响。例如，在全球变暖的趋势下，绝大部分苔原区植被覆盖呈现递增趋势，灌丛大幅度扩张，苔原植被群落发生变化。除了气温对生物的直接影响外，冻土融化大幅改善了植物的水分条件，活动层厚度的增加拓展了植物的根系生长范围，多年冻土的变化导致北极大部分地区湿地面积扩大、湿地生态系统生物量显著增加。但同时，泰加林带则在许多地方出现退化，郁闭度和生产力下降，这是由冻土冰体融化产生的水分变化所导致的。一方面，多年冻土在退化过程中融冰形成大量土壤积水，饱和的土壤水分不利于树木生长；另一方面，在有些坡地，多年冻土退化导致活动层土壤水分下渗或大量流失，产生干旱胁迫，这在阳坡尤为明显。

多年冻土中还存在一定量的微生物，种类多样丰富，且存在高度的空间异质性。在多年冻土区，植物凋落物量、土壤有机质含量、土壤微生物活性、土壤营养物质含量等是高度耦合的，且对气候、植被表现出高敏感度。

积雪对植被的作用主要通过积雪对土壤水热状态的影响而发生。一方面，积雪可以增大地表反射率，减少辐射能的吸收，使得雪面温度比气温低；另一方面，由于积雪是热的不良导体，热导率低，因此当积雪覆盖时，积雪可以减少土壤热量散逸，从而起到保温作用。对于积雪厚度较大的区域，积雪变化引起的土壤温度变化远大于植被覆盖造成的影响。同时，积雪作为一种水体存在的形式，其水分效应也会对土壤水分条件产生影响。

> 生物圈

• 4.1.4 生物圈与降水

4.1.4.1 降水对植物的影响

降水是影响植物生长、分布，以及通过食物链逐渐影响整个生态系统，并最终影响陆地生物圈的重要因素。大气降水形式多样，除了常见的雨水外，生活中我们也见过固态降水，以及气态水在地表和植物表面凝结而成的露珠，所以在谈论降水时要注意，降水的涵盖面超过降雨，天上下的不一定都是雨，降水和降雨，二者不能等同。

降雨是植物生长发育期间最主要的水分来源，也是衡量气候特征干湿程度的重要依据。通常来说，年降雨总量的空间分布，和植被发育的茂密程度呈正相关，例如，寸草不生的沙漠和郁郁葱葱的热带雨林之间，就是一组明显的对比。年降雨量的时间分布，和植物的生长发育节律紧密相关，这一点在雨季和旱季对比明显的热带草原地区尤为明显。但降雨的生态作用，远比我们看到的这些直观表象复杂：随着降雨强度和时长、土壤含水量、地表植被覆盖率的变化，降雨的生态效应也会发生改变。强度较小、分布均匀的细雨，可以稳定地经由下渗作用进入土壤，成为根系可吸收利用的水分，有利于植物的生长发育；而强降雨带来的超额地表水，则超出下渗作用的承接能力，大量作为地表径流流失，甚至造成水土流失，在这个过程中带走植物赖以生存的土壤及养分。与此同时，茂密的树冠层，可以通过枝叶截留一部分雨水；发达的地表植被，也能增加地表的粗糙程度，这些都能削弱地表径流的强度。此外，发达的植物根系，可以牢牢抓住土壤，甚至通过根系的离子交换，锁住土壤溶液中的养分，从而有效防止水土流失和土壤淋溶作用的发生。越是繁茂的森林生态系统，对抗强降雨的能力就越强，这体现的是一种生物与环境之间的协同演化。

在缺乏降雨的干燥地区，植物为了获取水分，会根据环境的实际状况，演化出两种根系发育模式。在内陆沙漠地区，植物演化出极其发达、深入土壤深处的根系，依靠发达的根系汲取更深的地下水，从而获得竞争优势，典型代表是骆驼刺。这种地表部分其貌不扬的沙漠植物，其根系却可以深入地下 3 m，演化出一种成功的干旱环境生存策略。在滨海沙漠地区，虽然缺乏从天而降的雨水，但海雾却非常频繁。有统计表明，在某些海雾多发的滨海沙漠地区，海雾和露水的等效降水量可达 200 mm。为了高效利用地表的雾和露水，这些多雾沙漠地区的植被，往往演化出比较浅的根系，用于吸收地表土壤孔隙中的水分。很多地衣和苔藓，也是利用雾和露水来获取水分的。

4.1.4.2　降水对动物的影响

由于动物具备行动饮水能力，因此大气降水对动物的影响往往是间接的，通过对食物来源的生长状况、动物发育和繁殖节律的影响来作用于动物数量。在极端干旱和极端降水的情况下，也会直接带来动物的死亡。例如，极端干旱导致水源枯竭，代谢率高的大型动物可能直接因缺水而死，而非死于干旱后造成的食物短缺。又如，一场大雨过后，以蚜虫为代表的小型昆虫会大批减少，更大规模的暴雨则会导致穴居动物死亡。长期阴雨天气也会引起小型鸟类和小型哺乳动物死亡。对陆地恒温动物来说，干燥蓬松的羽毛和皮毛，是维持热量代谢的重要生理基础，长期阴雨会破坏毛发保温结构，从而引发体温过低，最终导致死亡。

生物圈

积雪对动物的影响很复杂，地球上不同地区、不同时段的积雪性质完全不同，对动物的作用也有所区别。在高纬度地区，深厚的积雪对体型较小的啮齿目、食虫目和小型食肉目，以及松鸡、雷鸟的生存十分有利，它们演化出白色或浅色的毛发特征，因此积雪成为它们良好的伏击掩护或避害保护色。积雪下部的洞穴，也能成为它们保暖避寒的居所。但对于大型哺乳动物而言，深厚的积雪则是生存困境，在妨碍大型动物行动的同时，也使它们的取食变得困难，因此这些生活在高纬度地区的大型哺乳动物，往往具有迁徙行为，以躲避不利的生存环境。较浅的积雪通常对应较大的土壤冻结深度，这对啮齿目和食虫目等小型穴居动物十分不利，但却不影响大型哺乳动物的行动和摄食。总之，没有完美的生存环境，只有不断适应环境的生存策略。

4.2 生物圈与气候环境的关系
The relationship between the biosphere and the climate environment

太阳辐射是地球系统的根本热源，地面辐射是大气系统的直接热源。这句论断揭示出地球表面的温度分带有两种基本的递变规律：从赤道向两极递减，从低海拔向高海拔递减。生物群落的分布规律也随地球表面的温度分带而发生变化。

• 4.2.1 纬度地带性

赤道到两极存在明显的热量梯度变化，形成了不同的热量带，沿着纬度方向，陆地生物群落的分布出现有规律的更替现象，这就叫作纬度地带性（图 4-1）。虽然基本规律一致，但纬度地带性在不同大陆上有不同的体现。

在亚欧大陆东部的太平洋沿岸，生物群落自南向北依次为：热带雨林、热带季雨林、常绿阔叶林、落叶阔叶林、针阔叶混交林、针叶林、苔原。这里的落叶阔叶林每年冬季都会受到大陆极地气团的影响，因此主要是一些耐寒的栎属乔木在生长，但常绿阔叶林却十分繁盛，主要是由夏季强盛的东南季风作用所致。季雨林的出现，也体现出亚欧大陆东部明显的季风气候特征。

在亚欧大陆西部的大西洋沿岸，生物群落自南向北依次为：热带雨林、热带稀树草原、热带或亚热带荒漠、常绿硬叶林、落叶阔叶林、针叶林、苔原。这里的落叶阔叶林比东岸更为发育，并向内陆延伸很远。原因是受到北大西洋暖流和盛行西风的影响，这里成为海洋性气候，再加上山脉多呈东西走向，利于水分深入内陆。

非洲大陆的纬度地带性很突出，生物群落的更替也接近对称分布，从赤道往高纬度方向，依次分布着热带雨林、热带稀树草原、热带荒漠。值得注意的是，由于东非高原的存在，热带雨林并非横贯赤道，而是集中在几内亚湾沿岸和刚果盆地。

在大西洋一侧的东海岸，生物群落自南向北依次为：亚热带常绿林、落叶阔叶林、针叶林、苔原。在北美大陆的西部，虽然受到太平洋湿润气团的影响，但落基山脉阻挡了海洋气团的深入范围，降水和森林集中在山脉以西。

南美洲西海岸是狭长的安第斯山脉，受其阻挡、制约，南美洲西海岸的气候和植被纬度地带性出现条带状的分布规律，但总体上保持自低纬度向高纬度的过渡规律，依次是：热带雨林、热带草原、热带荒漠、常绿硬叶林、落叶阔叶林。

由于洋流的影响，澳大利亚东岸湿润、西岸干燥，东西向的气候和陆地生物群落差异性远超南北向，纬度地带性体现得不明显。

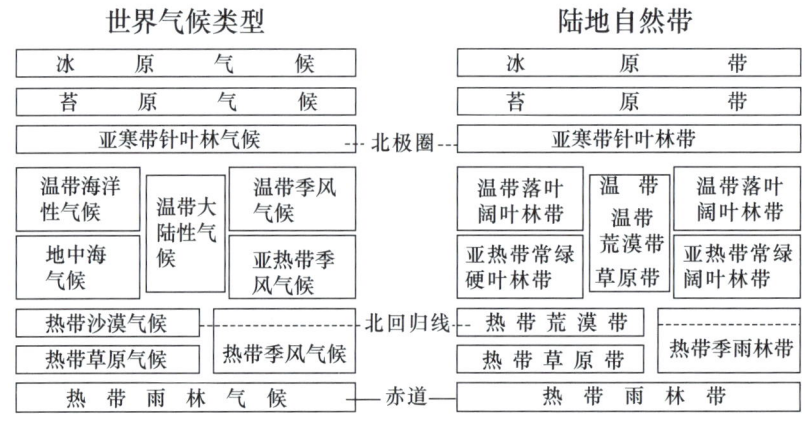

图4-1 气候带和陆地植被的对应关系

•4.2.2 垂直地带性

由于对流层大气存在明显的铅直方向温度梯度变化，所以气候条件在山地的不同海拔高度处也会有所差异，生物群落随之发生更替，这种现象称为陆地生物群落的垂直地带性。垂直地带性有以下几个规律：

（1）山地需要达到一定高度才可能出现垂直地带性。

（2）各地山地的基带，也就是山麓部位起始的生物群落，与当地平原地形基本一致，同样受到纬度地带性的制约。

（3）通常越往高海拔地区发展，植被越发耐寒、耐旱，但干旱气候区的生物群落却是例外。在草原或荒漠地区，从基带向高海拔地区会逐渐过渡为更依赖水分条件的生物类群，但超过一定高度后，低温对生物的限制性越来越突出，开始回归为正常的山地生物群更替规律。

（4）垂直带中每种生物群落的分布下限，随纬度的增加而降低。

（5）迎风坡的生物群落分布界限向高海拔方向延伸，背风坡则向低海拔延伸。

（6）山体所处的纬度越低、海拔越高，生物群落的带谱越丰富。

4.3 板块构造对生物地理分区的影响
The influence of plate tectonics on biogeographic zoning

学者们将地球上的陆地划分为不同的生物地理分区，而海洋由于具有连贯性，很多海洋生物呈现出世界性分布，或只是简单地随纬度或离岸远近发生变化，没有明显的区域性特征。针对海洋，至今没有统一的划分方案，所以生物地理分区一般指陆地生物分区。尽管陆地生物分区在具体划分上还存在争议，但总体有一个比较稳定的划分方案，如表4-1所示。

生物圈

表 4-1　生物地理分区

名称	面积 /10^7 km²	范围
古北界	54.1	包括欧亚大陆的大部分和非洲北部
新北界	22.9	包括北美洲的绝大部分
旧热带界	22.1	包括撒哈拉沙漠以南非洲和阿拉伯半岛
新热带界	19	包括南美洲、中美洲及加勒比地区
澳新界	7.6	包括澳大利亚、新西兰和新几内亚的大部分
东洋界	7.5	包括印度次大陆、东南亚、中国南部
南极界	3	包括南极洲

亚欧大陆和北美大陆从劳亚古陆的分离一直不够彻底，自新生代以来，两块大陆之间充满着可作为生物迁徙跳板的岛屿。加之第四纪冰川给动植物迁徙提供了直接的陆路通道，因此于亚欧大陆和北美大陆上生活的物种在科一级的差异性并不大，很多时候研究人员也把古北界和新北界合称为全北界。从古近纪到新近纪，地层中的大量古生物材料表明，很多动物种类曾广泛分布在北半球，如象、骆驼、马、犀，甚至有袋类。从现代动物类群来看，也有许多动物广泛分布在亚欧及北美大陆北部，如貂、猞猁、雪兔、棕熊等。

旧热带界和全北界不同，仅经历过轻微的冰川入侵作用，非洲大陆自白垩纪以来开始从冈瓦纳大陆独立出去，刚独立出去的非洲大陆并没有完全脱离冈瓦纳大陆的生物区系，通过海中各个岛屿，南部大陆之间还有着残余联系。此时的非洲是一个低平的大陆，主要为广阔的热带雨林和热带大草原。白垩纪末期，埃塞俄比亚高原开始隆起，随着海拔升高，东非的雨林生态系统开始出现垂直分异。到中新世，古地中海逐渐成为今天的格局，大洋环流重新整合，非洲西北海岸开始受寒流影响变得干旱。与此同时，

第4章 生物圈与地球其他圈层的关系

南极冰山出现,提供冷水源,促成了本格拉寒流的发展,限制了非洲西南岸植物的扩张。至此,非洲西海岸变得普遍干旱。旧热带界有很多特有动物,如狐猴、长颈鹿、河马、斑马、大猩猩、非洲象、狒狒、狮子、鸵鸟等。而古北界十分常见的鼹鼠、熊却不在此分布。旧热带界还有一个很特殊的区域,马达加斯加岛,它是非洲大陆和印度半岛连接的残余,因此其植物区系特征表现出介于旧热带界和东洋界的特点。马达加斯加岛上动物的古老性仅次于澳新界,猬科、狐猴科数量丰富,没有大型食肉动物,缺乏非洲大陆广布的有蹄类。

新热带界是生物多样性最丰富的一个生物区系,拥有众多特有类群,这表明南美大陆从冈瓦纳大陆分裂出去得比较彻底。典型的特有物种包括犰狳、食蚁兽、树懒、蜘蛛猴、水豚、美洲鸵鸟等,但又缺失其他大陆广泛分布的食虫目、象科、牛科、犀科等,这表明南美洲在新生代就已经完全断开了与旧热带界的联系。在南美洲广泛分布的淡水鱼、蟒蛇、鬣蜥,与非洲的物种非常接近,证明两块大陆在爬行动物繁盛的中生代有着更密切的关联。

东洋界主要由印度次大陆、东南亚、中国南部构成,在东洋界的东西两部分其实还有一定差异。在该区系西部的印度次大陆,干旱区域的植物中有 36% 都是非洲种,这充分表明印度次大陆是从非洲大陆脱离而来。但东洋界雨林区域的植物类群,又接近东侧的马来西亚,这体现的是物种扩散,马来诸岛的物种通过岛屿跳板,逐步向新加入亚欧大陆的印度次大陆发生扩散。本区虽然种一级物种不算特别丰富,但在目和科级别上,却并不匮乏,如新热带界缺乏的牛科和食虫目,旧热带界缺少的熊科,在这里都有分布,体现出物种分布的过渡性。

生物圈

澳新界是以澳大利亚大陆为主体，包括周边临近各岛屿的一个陆地生物区系，也是现代地球上特有种最为丰富的一个区系。澳大利亚大陆从白垩纪起就完全和冈瓦纳大陆分开了，走上了独立的演化之路。本区系的哺乳动物是世界上最古老、最原始的类群，在很大程度上仍保持着中生代晚期哺乳动物的特征，保留了原始的单孔目（鸭嘴兽、针鼹），有袋目通过辐射演化在这片孤立的陆地上发扬光大，并且诞生了袋鼠、袋狼、袋獾、树袋熊等特有物种，占据各种生态位。真兽亚纲仅有渡海而来的蝙蝠，以及后来随着人类活动而来的外来物种，所以该区系的生态系统十分脆弱，很容易遭受生态入侵。位于本区系的新西兰南北两岛也有其特殊之处，由于鸟类比哺乳动物先一步占据该岛的优势生态位，因此这座岛上缺乏特有的哺乳动物，但是陆地生态系统却被一群地栖的陆行鸟所占据。这些陆行鸟包括几维鸟（新西兰国鸟）、啄羊鹦鹉、鸮鹦鹉，以及已灭绝的恐鸟。

南极界气候严寒，仅有企鹅、海豹和少量低等植物生存。但在南极大陆无垠的冰层之下，却悄悄埋藏着古代的动植物化石。人们已在南极发现了冰脊龙和南极甲龙的化石，它们属于早侏罗世时期，那时南极大陆还没有到达地球的最南端，同时全球气候整体比较温暖，南极还是枝繁叶茂的雨林景观。遗憾的是，由于南极的科考环境过于艰苦，人们只知道南极冰层下埋藏着一个丰富多彩的古代世界，但目前还没有技术条件进行深入研究。到新生代，南极大陆已经随着板块活动来到地球的最南端，这里本应从此变成一片冰天雪地。但随着古新世-始新世极热事件的发展，南极再度迎来温暖湿润的气候，企鹅的祖先就是在这一时期，从新西兰出发，抵达南极，并在此生根的。随着第四纪冰期的来临，南极最先成为冰川生长的核心，从此雨林凋零，陆地生态系统崩溃，大批动物走向死亡和灭绝。

4.4 盖亚假说与雏菊世界模型
The Gaia hypothesis and the daisyworld model

20 世纪 60 年代，美国启动了一系列对火星的先期探测任务。那时的航天技术还达不到向火星发射登陆探测器的程度，只能通过水手号探测器从火星轨道掠过，简单拍几张照片，达不到科学家预期的探测目的。于是美国国家航空航天局面向全世界征求探测火星有无生命迹象的实验手段，一时间方案如云，但在众多方案中另辟蹊径，最终脱颖而出的，是英国科学家拉伍洛克（Lovelock）的观测方案。拉伍洛克的思路是，从外太空考察火星大气的成分。我们早就熟知地球大气中含有 21% 的氧气，但在太阳系各大行星中，这却是一件极不寻常的怪事——氧气是一种化学性质十分活泼的强氧化剂，它几乎不可能以气态形式赋存在岩石行星上，因为大气中的氧气很快就会和岩石圈中的矿物质发生氧化还原反应，被固定到岩石圈中。事实上，在地球诞生之初，那个没有生命迹象的荒芜星球上，大气成分中也不含氧气，那是一个由水蒸气、二氧化碳、甲烷为构成主体的还原性大气圈。甚至在最早的产氧光合作用出现以后（研究表明 27 亿年前出现了产氧光合作用），地球大气中还是没有氧气，因为最初的蓝细菌通过光合作用产生的氧气，全部用来还原海洋中低价态的金属阳离子了。直到大约 24 亿年前的古元古代，才有额外的氧气随着大氧化事件（Great Oxidation

Event，GOE）而在大气中出现。但即便经历了第一次大氧化事件，地球大气的含氧量还是长期维持在1%的水平。直到时间的齿轮继续转动数十亿年，随着大约7.5亿年前新元古代发生的第二次大氧化事件，大气圈中的氧气含量才开始接近现在的水平。到这时，从微观单细胞生命向埃迪卡拉纪宏观生命的跃升才具备了启动条件。拉伍洛克认为，正是因为地球大气成分具有一种显而易见的"不平衡、不稳定"状态，才证明地球表面一定发生着某些复杂的生命过程，在对抗熵增的步伐，以至于让氧气这种不可思议的气体大量出现在岩石行星表面。反观太阳系中的火星和金星，它们的大气中都是稳定并且死气沉沉的二氧化碳，不可能有活跃的生命迹象。

正是这次参加美国国家航空航天局太空生命探索项目的经历，令拉伍洛克产生了一种从外太空看待地球的视角。他认为，在全球尺度上，可以把地球视为一个有生命、在演化，具备自我调节能力的巨型有机体，他以希腊神话中大地女神盖亚（Gaia）的名字来命名这一套观念，并称之为"盖亚假说"。在1969年关于地球生命起源的科学大会上，拉伍洛克向众多科学家介绍了他的盖亚假说思想，标志着这一假说的正式发布。但是，几乎是立刻的，盖亚假说就遭到了科学界广泛的质疑，"伪科学""目的论""神话"，这些标签铺天盖地，这一假说并没有得到支持。在当时，人们对地球科学的主流观点是，地球是一个被动的机械装置。而拉伍洛克却认为，地球是具有自我调节能力的自主系统，他对地球的未来发展十分乐观。

1982年，在荷兰阿姆斯特丹召开的生物矿化（biomineralization）作用会议上，拉伍洛克首次向世人展示了他运用当时先进的计算机模拟技术打造的雏菊世界模型（图4-2）。拉伍洛克通过这个模型的自发运转和调节，证明了雏菊世界的自我调节是一个自发的系统反馈，不需要任何基于目的

第4章 生物圈与地球其他圈层的关系

论的假设，全凭自然选择的力量就能稳定运行。盖亚假说由此开始得到科学界的广泛赞同，标志着这一假说的发展进入科学化阶段。雏菊世界模型从问世以来，拉伍洛克就对其进行了不断修正和完善，我们在这里叙述的，是最为简化的模型版本。

为了更清晰地了解雏菊世界的思想内涵，我们要先了解一些控制论的基础概念：反馈（feedback）。反馈是系统对变化的响应，根据响应对系统的后续影响，我们还可以继续将其划分为正反馈和负反馈。先来看一个负反馈的例子：当一个人血糖变低时，会引发饥饿感，促使其去寻找食物来充饥，此时我们把低血糖视为人体生理系统的一次扰动；一旦进食完毕，血糖回升，人就会产生饱腹感，不再有继续进食的欲望，从而不至于进食过多，引发消化问题。负反馈的作用效果，是使得扰动被平息，维持系统稳态。正反馈的典型例子是大家或许都体验过的音响系统啸叫：当麦克风靠近喇叭时，一点微小的声音（扰动）都会被麦克风采集，经由音频放大线路传递给喇叭播放；而喇叭把放大过后的声音再次传递给麦克风，使得一开始的微小扰动不断被放大，最终成为震耳欲聋的啸叫。正反馈的作用效果是放大扰动，使系统远离平衡。

现在，让我们开始构建模型。假设在未来的2150年，一艘星际飞船在一颗地外行星上发现了生命现象。这个星球的生物圈极度单一，仅有一种看上去像地球上的雏菊的植物在生长，但雏菊有两种，一种是白色雏菊，另一种是黑色雏菊。白色雏菊没有覆盖的地方则是黑色雏菊。并且这颗行星公转的中心天体，是一颗演化速度极快的巨大恒星，其光度在科学家可观察的时间区间内不断变大。白色雏菊和黑色雏菊对恒星辐射的反照率和吸收率截然不同，但符合地球上的物理法则——白色雏菊反照率高，黑色雏菊吸收率高。在模型中,拉伍洛克为雏菊引入了类似地球生命的最适生长温度概念,即白色雏菊的最适生长温度较高,而黑色雏菊的最适生长温度较低。模型准备完毕,现在我们在暂不考虑恒星辐射逐渐变强的背景下,开始一场简单的思维实验:若此时星球上的白色雏菊正繁衍旺盛,铺天盖地的白色花瓣遮蔽了大地,那么来自恒星的辐射输入就会大量被反射到太空中去,导致行星系统温度降低,从而阻碍白色雏菊的生长和扩张。随着温度降低,白色雏菊凋零,更多的黑色雏菊生长了出来,行星反照率降低,辐射吸收率增加,行星系统开始增温,白色雏菊重新获得适宜的生长温度,开始繁衍和扩张。这是一个典型的负反馈过程,白色雏菊和黑色雏菊的此消彼长,自发调节着行星系统的温度变化,整个过程完全不掺杂任何目的论的迹象,是对盖亚假说批评者极有力的回击。

然而事情才刚过去一半,此时考察船上的科学家对雏菊世界行星产生了浓厚兴趣,开始长期驻扎,观察在恒星光度不断增强的背景下,雏菊世界的演化趋势。随着恒星辐射输入水平的不断提高,行星上的白色雏菊覆盖率越来越高,此时即便把大部分恒星辐射都反射回太空,白色雏菊还是能接受足够的恒星辐射输入。但恒星并没有因为白色雏菊的繁盛就停止步伐,它还在不断变亮、变热,直到某个临界点,雏菊世界赤道处的温度已经无法支撑白色雏菊的正常生存,赤道附近的雏菊开始大批热死。凋亡的雏菊使得土地裸露,行星开始大量吸收远强于过去的恒星辐射,整个雏菊世界行星开始迅速升温,更多的白色雏菊受不了极端热浪,从赤道开始向两极不断凋亡。此时,伴随白色雏菊大规模凋零,更大面积的土地暴露了出来,恒星辐射吸收率不断暴涨,在极短的时间内,繁盛一时并具有自我调节能力的雏菊世界走向崩溃。雏菊世界的崩溃,是强迫持续进行,对系统稳态不断破坏，并最终将系统拉到非稳态，从而引发正反馈过程的一次典型表现。

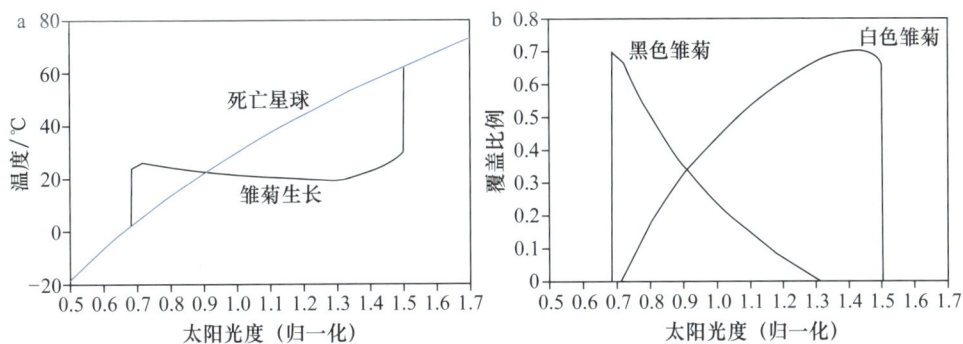

图4-2 雏菊世界模型，显示黑、白雏菊响应环境变化过程中的物竞天择，
能够形成行星尺度的环境－生物自我调控机制
图片来源：Watson and Lovelock, 1983

拉伍洛克利用当时极为先进的计算机技术，精彩演绎了雏菊世界模型的演化过程，给了我们两个重要启示：一方面，生物和环境之间存在协同演化，生物的存在使得环境变得适合生物的生存。但这种生物对环境的优化改造没有任何目的性，纯粹是自然选择的演化结果。不过人类作为生物，却对环境具备深度改造的能力，这是人类的幸运。面对强迫环境，人类积极创造生存机会，不会坐以待毙。但同时，这也是沉甸甸的责任，人类不能滥用工业能力破坏性地改造自然环境。另一方面，也是雏菊世界的故事给我们的重要教训——任何系统都具有稳态的阈值，在持久恒定的强迫作用下，系统会缓慢而温和地发生演化，直到触碰到阈值的那一刻，稳态瞬间土崩瓦解，正反馈的浪潮席卷而来，摧毁一切系统内的旧秩序。在全球变化研究者关注的方向上，这样的阈值在地球上已经出现了好几个候选项。其中风险度极高的，恐怕就是全球持续变暖可能触发的冻土和海洋可燃冰释放。

> 生物圈

可燃冰的主要成分是甲烷,甲烷的温室效应效率是二氧化碳的21倍,如果任由全球变暖稳定发展,一旦触发大规模释放甲烷进入大气的温度阈值,那么地球的温室效应强度将大大提升,后果不堪设想。尽管地球生态系统比雏菊世界模型要复杂许多,但我们始终要对未来可能的变化未雨绸缪、长久规划,这也是现代地球科学努力研究的一大方向。

第 5 章

生命起源

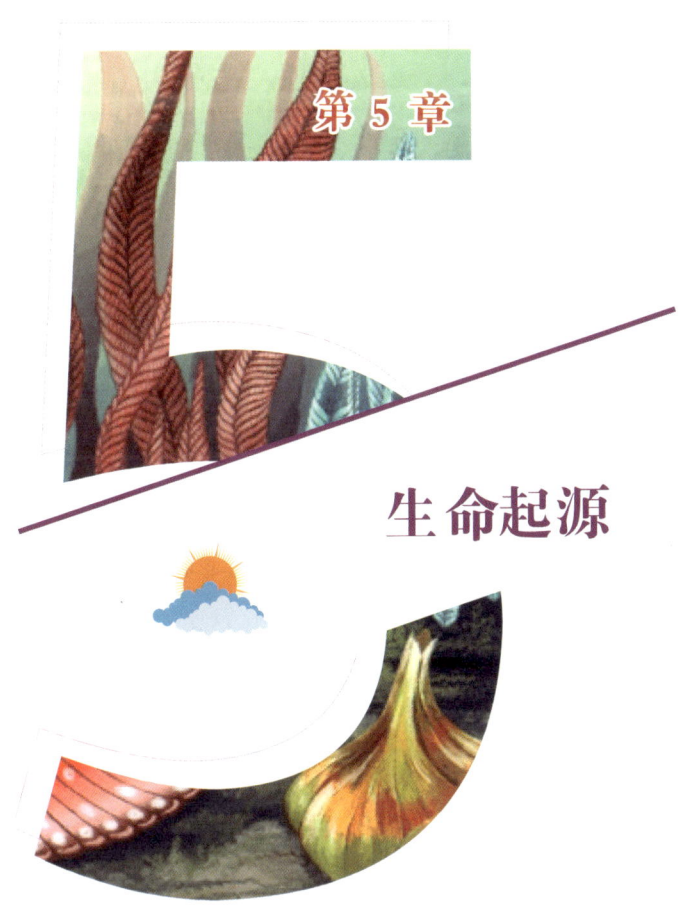

生物圈

5.1 宜居带
Habitable zone

神创论者为了证明地球是被精心设计出来的，有一种论调宣称，地球的公转轨道位置极其苛刻，如果再靠近太阳 100 km，极端的热量将使得地表燃起熊熊大火；如果再远离太阳 100 km，匮乏的热量将封冻地球上的一切水域。然而，地球的公转轨道目前是一个偏心率为 0.0167 的椭圆，日地距离在近日点为 $1.471×10^8$ km，在远日点为 $1.521×10^8$ km，近日点和远日点相差了将近 $5×10^6$ km，事实上我们并没有体验到这种近日点和远日点的差异带来的明显热量输入变化。神创论者的谎言不攻自破，但他们的这种朴素思想却值得认真对待，既然这个影响恒星热量输入的距离，既不是 100 km，也不是 $5×10^6$ km，那么在更大的空间尺度上能够确定这个距离吗？以及，仅恒星与行星之间的距离在决定行星的表面温度吗？因此，我们有必要探讨宜居带（habitable zone）这一概念。

宜居带是指一颗恒星周围的一定距离范围，在这一范围内水可以以液态形式存在。由于我们认为液态水是生命活动不可或缺的基本化学环境要素，所以宜居带这个概念诞生的初衷，其实是表达支持生命存在的恒星系轨道范围（图 5-1）。那么太阳系宜居带的范围应该是多少呢？如果以地球的基本状况作为初始条件，经计算可以得出，当日地距离达到 0.84 AU（天文单位 Astronomical Unit 的缩写，即地球与太阳之间的平均距离）的时候，将发生温度失控，地表水将不复存在，这便是太阳系宜居带的内边界。当日地距离达到 1.7 AU 的时候，地表液态水将全部冻结，这就是太阳系宜居带的外边界。0.84～1.7 AU，这是以当下的太阳和地球作为研究对象计算得出的太阳系宜居带范围。因此可以得出，目前的太阳系有三个大天体都处在宜居带范围内，它们分别是地球、月球与火星。如果考虑太阳系的演化历程，我们会回想起黯淡太阳悖论，在那个太阳光度只有当今 70% 水平的过去，金星也很可能处在古老太阳的宜居带范围内。然而，在这四个太阳系天体中，目前我们只发现地球上大规模存在液态水，这说明一个事实：即便是处在宜居带内的行星，也不一定能够孕育出生命。

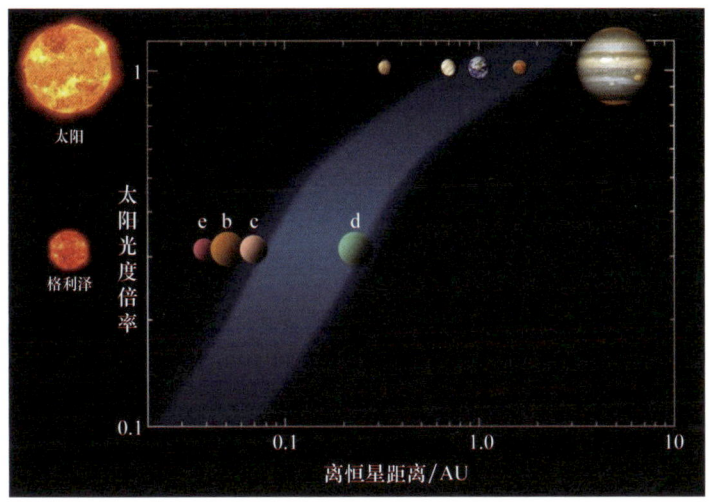

图 5-1　宜居带随恒星质量变化示意图
图片来源：欧洲南方天文台

从宜居带的范围来看，地球在太阳系中并非独一无二，但生命的确只存在于地球上，这说明地球系统有它非常特殊的地方（表 5-1）。接下来，我

生物圈

们将简单地探讨地球宜居性的调控因素。

地球温度的特殊性：行星表面温度不仅由离恒星的远近来决定，同时也受到恒星光度、行星大气成分、大气层厚度等的影响。并且温度还不能只看平均温度，温度的稳定性也很重要，比如月球缺乏大气保温作用，昼夜温差达到310℃左右，也无法为生命发展提供稳定的物理环境。

地球磁场的特殊性：由于地球体积质量足够大，因此地球内部能一直保持在较高的热量水平，维持一个液态外核，从而催生出强大的内生磁场。地球磁场产生的磁层，抵御着太阳风对大气的直接轰击，避免了大气成分（尤其是水蒸气）被电离吹散的结局。同时，足够热的内部圈层，维系着地球活跃的板块活动，通过行星排气作用，不断将岩石圈固定的元素成分，尤其是碳元素和氧元素，以二氧化碳的形式返还到大气中。

地球大气的特殊性：值得我们注意的是，地球大气最特殊的成分——氧气，并不是孕育生命必需的条件，甚至对于早期生命来说，氧气的氧化性太强，是一种危害生命的"毒气"。地球大气在行星演化过程中最大的特殊之处在于合适的二氧化碳浓度。地球大气中的二氧化碳浓度不仅没有高到像金星一样引发失控的温室效应，而且在年轻太阳暗淡的时期，配合甲烷一起，为地球保存了可贵的地表热量输入，从而维系着液态水海洋的长期存在。如果没有温室效应，单纯依赖太阳辐射输入，地球的平均地表温度将维持在-18℃，液态水恐怕只能在赤道附近少量存在。而温室效应提供了额外的33℃，让地表平均温度达到15℃，海洋的水域得以覆盖全球范围，这对于地球生命的诞生至关重要。

地球水资源的特殊性：水作为一种化学物质，在宇宙中可谓司空见惯，毕竟氢元素和氧元素的元素宇宙丰度分别排在第一位和第三位。但液态水能够存在的物理环境范围，在宇宙中却显得十分稀少，水的相态变化，同时受到温度和气压的调控。由于地处宜居带，再配合上述几点特殊性共同施加影响，我们的地球刚好就赋存了大量液态水。即便有充分的探测数据表明火星地表曾经大量存在液态水，但今日的火星表面环境仍然无法保持液态水的存在。大量赋存的液态水，既是地球的特殊性之一，也是地球其他特殊性导致的结果。

表 5-1　太阳系宜居带大天体宜居性条件比较

项目	金星	地球	月球	火星
表面温度	465℃	平均 15℃	$-183 \sim 127$℃	$-139 \sim 20$℃
强大的内生磁场	无	有	无	无
大气成分与地表气压	CO_2、92 atm	N_2、O_2 为主、1 atm	无	CO_2、0.75% atm
液态水	无	有	无	无

5.2 原始地球的环境条件
The environmental conditions of the primitive Earth

• 5.2.1　冥古宙时期（45.7 亿~40.2 亿年前）

一般认为，球粒陨石（图 5-2）代表了太阳系最早形成的一批固体物质，物源上跟类地行星同源，形成时间上跟类地行星接近。由此，根据对球粒陨石的测年，一般认为地球诞生在距今 45.7 亿年前。诞生之初的地球，没有真正意义上的地面，地表是汹涌翻腾的岩浆海。沸腾的岩浆海不断向大

生物圈

气中排放甲烷、二氧化碳、水蒸气、硫化氢，这些还原性气体取代了地球最早由氢气和氦气组成的第一代大气层，形成了地球的第二代大气层。

图 5-2　典型的顽火辉石球粒陨石标本（Sahara 97096）
图片来源：法国国家自然历史博物馆

大约在 45.1 亿年前，一颗火星大小的原始行星忒伊亚（Theia）撞击地球，撞击过程产生的熔融抛洒物环绕地球并吸积增生成了月球。大撞击注入的热能，再加上放射性元素衰变产生的热能，让原始地球保持熔融状态，并开始发生核幔分异。重的元素，如铁和镍沉入地核，轻的元素，如氧、硅、镁、铝等上浮到地幔。此时还没有形成真正意义上的地壳，地球表面的固体物质不过是基性岩浆冷却得到的玄武岩，离现代意义上的地壳还有差距。发现于加拿大西北部的阿卡斯塔片麻岩是目前已知最古老的岩石样本，据测算其年龄有 40.2 亿年。岩石学记录的出现，标志着冥古宙的结束、太古宙的开始。

• 5.2.2　太古宙时期（40.2 亿~25 亿年前）

20 世纪 70 年代，美国人对阿波罗任务采集的雨海、酒海、静海陨击熔岩样品分析后，发现这些月岩样本年龄全部指向 39.5 亿年，说明月球表面在 39.5 亿年前，曾遭受过大规模的岩石再造过程。还有研究表明，在冥古宙末期，木星和土星发生轨道共振，引发太阳系小天体开始向类地行星轨道转移，最后必然在万有引力的驱使下，大量向类地行星坠落。这些研究指向了一个结果，那就是大约在 39.5 亿年前，发生过大规模的小行星撞击事件，这被称为晚期重轰炸事件（late heavy bombardment）。这次撞击事件规模之大，再次将地表环境拉入冥古宙的岩浆之海，抹平了早期地球存在过的岩石痕迹。这也解释了为什么冥古宙–太古宙之交仿佛存在一道岩石学记录分水岭，因为固体岩石难以经受晚期重轰炸事件的洗礼而得以保存，更遑论早期生命本身。

在更大的太阳系行星系统尺度上，其实也有着与先前提到的核幔分异类似的现象：重的金属、岩石元素向太阳系内侧轨道聚集，并最终演化成类地行星；轻的气体、液体物质，如水冰、甲烷、氨被太阳风吹散到太阳系外侧轨道，并最终演化为巨行星、冰卫星，以及柯伊伯带（Kuiper belt）小天体。此外，由于类地行星形成早期自身温度非常高，这些易挥发的轻物质特别容易发生散逸和亏损，使得类地行星的表面可能是一片荒芜的岩石。即使原始地球通过行星排气作用产生了水蒸气，进而冷却掉落地表，也只能形成不大的水域，其储量远不足以带来全球性的海洋分布。

晚期重轰炸事件带来的不止有毁灭，这些撞击地球的小天体富含水冰、甲烷，它们把水带到地球，在持续千万年的轰击中，使原本荒芜的地表积攒起了大量的水。

有了大量的水，才有了沉积岩的形成条件和生命诞生的基础。目前能找到最早的沉积岩记录，是格陵兰岛冰层下发现的古老变质沉积岩样本，虽然历经久远，已经发生高度变质，但仍然能够从中识别出沉积岩特征。经测年，该变质沉积岩样本的年龄是 38 亿年，这标志着晚期重轰炸事件的结束，以及全球性海洋环境的出现。在更早的地质学年代划分中，一直把 38 亿年作为划分冥古宙和太古宙的时间节点，缘由就在这里。

5.3 生命起源假说
The hypothesis of the origin of life

5.3.1 "原始汤"理论

1953 年，沃森和克里克发现了 DNA 的双螺旋结构，但直到 1962 年他们才获得诺贝尔生理学或医学奖。这 9 年间，生物学界的风头全都被另一项研究抢走了，那就是米勒的"原始汤"实验。在 20 世纪 50 年代，科学界对早期地球环境已经有了一定了解，年轻的米勒和陨石学者尤里，决定对那个最敏感的问题——生命从何而来——发起冲击。他们设计的实验装置模拟了早期地球可能的大气成分和海洋环境，并配以高压电极不断产生闪电，为最初的生命反应输送能量（图 5-3）。实验持续了一周，取得的成果远超他们的预期：实验装置不仅产生了乙酸、乳酸这样的简单有机物，而且还有 2% 的实验产物是氨基酸，这可是构成蛋白质的基本组成单位啊！

第 5 章 生命起源

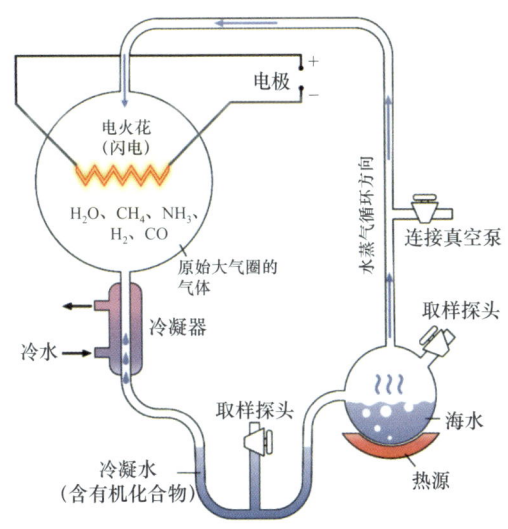

图 5-3 米勒实验示意图

米勒实验试图向我们揭示这样一幅生命起源的图景：在那个充满毒气的早期地球上，天空中电闪雷鸣，太阳紫外线长驱直入，这些高能自然现象把无机分子不断电离、重组。这些分子碎片的组合物越来越复杂，海洋中充满了氨基酸、核酸、磷脂这些生命小分子要素。在这锅化学浓汤达到一定浓度时，氨基酸自动缩合成为蛋白质，核酸自发组合编码遗传信息，磷脂分子则自动翻转，将蛋白质和核酸包裹在其中，生命诞生了！实验结果一经发表，立即引发强烈反响，经过其他研究小组的重复或改进实验，人们发现几乎能在烧瓶中催生出一切生命小分子。这令当时的人们满怀信心，认为即将在实验装置中制造出人工生命。

米勒的"原始汤"理论的确解决了从无机物到有机物的化学跨越，但有机物怎样形成具备高度自组织性，还能自我复制的生命体呢？米勒及其追随者始终相信，只要有能量的不断输入，并给出足够长的时间，生命就能够从有机浓汤中自发产生，而地球最不缺的就是时间。1944年，薛定谔在他的著作《生命是什么？》中首次提出天才般的观点"生命以负熵为食"。汲取能量，产生秩序，再死亡归于混沌，这一热力学视角下的生命历程，似乎并不与米勒的"原始汤"理论相违背，但经过仔细推敲，人们注意到从"原始汤"到生命体，有一道绕不过去的藩篱，那就是参与反应的能量水平。举个例子，细胞的有氧呼吸作用本质上就是氧气对有机物进行氧化，细胞从中获取能量，并将其用于新陈代谢的各种生化反应。三羧酸循环之所以复杂且具有一系列反应步骤，就是在尽可能延缓氧化过程，以拉低氧化反应的能量水平，好让ATP分子有足够的时间搬运转移底物氧化分解得到的能量。有机物其实也可以像点燃一把火一样，让其中蕴含的分子键能在转瞬间就化作光和热，但这显然不是生命活动需要的供能方式。直接燃烧，只会带来混沌。米勒的"原始汤"理论最大的缺陷就在于，无论是闪电劈开分子键，还是紫外线的催化作用，这些自然伟力的能量水平，对于精细敏感的复杂生化反应来说，都太过狂暴。"原始汤"催生出第一批生命小分子物质，但这些小分子成为真正的生命，恐怕还需要一个更温和的环境来孕育。

不管有怎样的瑕疵，米勒的"原始汤"理论启发了科学家，从无机到有机，并不是那么不可逾越，神创论存在的空间被进一步挤兑。很快，新的发现将填补米勒"原始汤"理论最大的短板，并带来更有说服力的生命起源图景。

5.3.2 黑烟囱与白烟囱

在那不见天日的海洋深处，在全球地表热流值最高的洋中脊上，一道道直通地幔的裂缝正加热着海水。这些深部海水在极大的水压下，即使被加热到400℃也无法沸腾，成为所谓的超临界态深海热液，以超强的化学活性不断溶解着途经的一切岩石表面，把各种岩石圈可挥发成分，如甲烷、二氧化碳、一氧化碳、硫化氢等通通带走，并持续上涌到洋壳表层。一旦来到洋壳表层接触到冰冷的海水，深海热液便会立即析出溶解物。其中的硫铁化合物被热浪裹挟，翻腾上涌，仿佛滚滚黑烟。这些"烟灰"长期在深海热液喷出口附近沉积，便不断堆叠形成了所谓的深海黑烟囱（图5-4）。尽管黑烟囱不见阳光，充满有毒气体和液体，并且温度超高，但却孕育着相当繁盛的生态系统。这套生态系统的底层生产者，是一些以对人类而言是剧毒物的物质为食的化能自养微生物。当1979年深海探测器第一次发现黑烟囱时，就有研究者敏感地察觉到，这正是地球在早期阶段最常见的海底构造。既然现代生命能够在这个封闭的化能生态系统中繁衍生息，那更早的亘古之初，最早的生命形态是否也能诞生在这样的环境中呢？

图5-4 黑烟囱——深海热液喷口
图片来源：Reitner and Thiel, 2011

> 生物圈

　　1988年，德国化学家维希特斯霍伊泽（Günter Wächtershäuser）发表了基于深海黑烟囱的生命诞生假说。在他的构想中，黑烟囱疏松的FeS构造，成为催化各种生化反应的容器表面，氨基酸在上面脱水缩合，没有参与缩合成肽的氨基酸转化为碱基，RNA不断尝试各种组合，磷脂分子在黑烟囱空隙的表面附着，并像墙皮起泡脱落一样，若刚刚好包裹了蛋白质和核酸，就形成了最早的细胞膜。这不是什么异想天开，FeS和各种深海热液带来的金属离子，都是当今各种酶促生化反应的活性中心，几乎所有重要的基础生化反应，都能在黑烟囱表面找到雏形。黑烟囱起源论，比起"原始汤"理论，更能够阐明细胞结构和精细生化反应的诞生，维希特斯霍伊泽生动地描绘了一幅生命起源在海底的图景，生命诞生的谜题似乎得到了假说和观测实证的终极解释。但生命之谜哪会那么简单？经过更细致的推敲，黑烟囱起源论的瑕疵浮出了水面。

　　我们批评米勒的"原始汤"理论，最主要的批判点在于"原始汤"不能提供稳定又温和的能量输入。黑烟囱起源论的能量来源是深海热液，400℃的温度对于生命活动来说，其实也太高了。虽然该理论拥护者解释道，在黑烟囱的喷口顶端，由于接触冷海水，温度能降到60℃，但如此一来，有效反应空间就被局限到极小的范围中了。随着对黑烟囱的研究不断深入，更具打击性的真相被发现了：由于黑烟囱是矿物松散沉积物，生长又特别迅速，因此其典型的生长历程是经过几十年时间发育到50 m的高度，然后土崩瓦解。这么短的存世时间，完全无法支撑生命漫长的演化历程。与此同时，化学上的不利证据也被研究人员重视起来：黑烟囱的化学环境是强酸性的，其pH值低至3.0，而各种细胞内部环境却是弱碱性的。即使是那些生存在强酸地热温泉环境中的极端微生物，也会通过复杂的代谢手段将

第 5 章　生命起源

细胞内液环境维持在弱碱性。如果生命真的诞生在强酸性环境中,就不可能在演化历程中再次修改底层的生化反应环境,成为今天的弱碱性细胞内液环境。黑烟囱理论似乎也站不住脚了,但维希特斯霍伊泽敏锐的洞察力,已经为探寻生命起源的真相指明了新的方向。

进入 21 世纪,随着海洋地质学研究的深入,海底特殊地质构造又有了新的重大发现。2000 年,人们在大西洋中脊发现了一处碳酸钙质的高耸沉积物,其高度达到 60 m,经同位素测年发现其年龄大约为 12 万年,并且还伴随着 40 ℃左右的热海水渗出,故而将这种深海沉积构造命名为"白烟囱"。要了解白烟囱的形成机制,我们得先回顾一种常见矿物——蛇纹石的形成过程。我们都知道构成洋壳的主要岩石是玄武岩,其矿物成分是橄榄石和辉石,其中橄榄石在接触水的环境下,会进一步发生反应,转变为蛇纹石,这就是最常见的水岩变质作用——蛇纹石化。蛇纹石化本身是一个放热的过程,并且还会使海水变成碱性,这些具备一定热量的碱性热海水,沿着地壳的裂缝缓慢上涌,形成有别于黑烟囱的另一种海底沉积构造,即碱性热液喷口,也即白烟囱。这些碱性热液的温度不高,为 40～90 ℃,但也溶解了大量无机物,尤其是 Ca^{2+} 和 SO_4^{2-},它们在接触冷海水后会析出成由碳酸钙、石膏构成的沉积构造。有别于黑烟囱的迅速堆叠生长,白烟囱的生长非常缓慢,并且没有中空的中央管道,而是一系列像海绵一样的细孔状构造,因而碱性热液得以缓慢释出。相比于热闹非凡的黑烟囱,白烟囱就显得没那么生机勃勃了。由于缺乏瞩目的生态群落和壮观的滚滚烟尘,白烟囱一直以来都没有得到媒体的关注,大众也并不熟知。然而在生命起源的终极命题面前,白烟囱却帮助我们找到了最重要的一块拼图。

> 生物圈

    2002 年，来自美国加州理工学院的迈克尔·罗素（Michael Russell）和德国杜塞尔多夫大学的威廉·马丁（William Martin）共同提出了碱性热液喷口假说，或者叫白烟囱假说。这个假说为我们描绘了一幅更精彩的生命起源图景：在深海白烟囱错综复杂的细微管道中，碱性热液正源源不断地涌出。但此时白烟囱以外的海水却是冰冷并且呈弱酸性的，海水和热液，被这些微小的管壁隔开，不能直接发生温度和化学的中和反应。温度的梯度差异，OH^- 和 H^+ 的浓度差异，在白烟囱微小管壁的阻隔下，只能通过特定的通道得到释放和平衡。当化学反应势能通过精巧的微观结构被释放时，其反应速率就得到了有效调控，这一幕，对于学习过生物学知识的读者来讲，恐怕再熟悉不过，这便是 ATP 合酶的基本运行模式。就像水力发电机组一样，这层微米级的白烟囱管壁，驯服了狂暴的酸碱中和反应，让 H^+（在生化反应描述中，我们通常称之为质子）得以有序通过产能通道，从而带动精巧的生化反应路径运转起来。这一生物代谢途径最底层的产能架构一直被沿用至今，ATP 合酶像一台微型机械，通过质子的流动源源不断地生产出来 ATP 分子。从线粒体、叶绿体到细菌的细胞膜，乃至那些千奇百怪的极端环境微生物化能自养代谢途径，都被绑定了这一套基本的能量代谢作用方式。

    米勒的"原始汤"理论，为生命的诞生阐明了有机物的来源问题，让生命诞生具备了物质基础；维希特斯霍伊泽的黑烟囱起源论，为细胞结构的产生指明了方向；迈克尔·罗素和威廉·马丁的白烟囱假说，又为生命活动的能量来源阐明了演化机理，生命起源这个终极命题的答案似乎呼之欲出。但就在这临门一脚时，还有一个看起来特别容易解决的问题摆在了世人面前：生命活动的信息如何被传递下去？不能自我复制的生命活动没有意义，会很快被历史的洪流淹没。只有能够实现自我复制的生命活动，才能够持续发展并不断扩散，最终在地球上生根发芽。人们本以为 DNA 或者 RNA 这些遗传分子的起源问题可以很容易就提出一个假说来加以阐明，但经典的"先有鸡还是先有蛋"的问题却如同一朵阴云笼罩在生命起源的探索道路上。

5.3.3 RNA 世界假说

我们都学习过生命活动的中心法则：DNA 转录出 RNA，RNA 把氨基酸翻译成蛋白质。这一切看起来是那么顺理成章，但爱思考的读者会发现，在中心法则中其实有一个巨大的累赘，就是 RNA 的存在。如果要翻译氨基酸，解开双螺旋的单股 DNA 完全可以被适当改造的核糖体读取遗传信息，为什么中间要凭空出现 RNA 这样一个遗传信息的"二道贩子"呢？更进一步思考，我们会发现，从 DNA 转录、RNA 剪接，到氨基酸翻译成蛋白质的过程中，需要各种复杂的合酶和核糖体的参与，但事情的吊诡之处在于，合酶和核糖体本身就是高度复杂的核酸－蛋白质聚合物，"先有鸡还是先有蛋"的问题就这样突兀地摆在面前了。

这个问题困扰了分子生物学家很长时间。直到 1982 年，美国学者托马斯·罗伯特·切赫（Thomas Robert Cech）发现 RNA 自身就具有实现 RNA 长链分子剪接的功能，在简单的生命活动中，遗传信息的翻译不需要蛋白质核糖体的参与。他给这种具备 RNA 编辑能力的特殊 RNA 分子起了个特别形象的名字——核酶（ribozyme），既是核酸又是酶。切赫的这一发现填补了中心法则的瑕疵，从根本上解答了"先有鸡还是先有蛋"的问题——答案便是"RNA 既是鸡又是蛋",切赫也因此获得了 1989 年的诺贝尔化学奖。

此刻,让我们再回过头来看中心法则,那个显得突兀又多余的 RNA 就不再像是一个"二道贩子"了,反而变成了生命演化故事的主角:随着位于白烟囱岩石上的细胞内部有机分子的复杂化,某一天终于诞生了一个会自我复制的 RNA 分子,这个贪婪的 RNA 分子不断汲取能量并用于复制自己,这一刻,它拥有了生命。生命一旦启动,就不会停止扩张的步伐,这个 RNA 分子,不满足于低效率的自我复制,在不断的试错中,它制造了一批能够帮助它实现高效自我复制的蛋白质,中心法则的右半部分出现了。还有一些 RNA 分子在偶然间获得了给自己的碱基制造备份的能力,像咬合精密的保护壳一样套在自己身上,防止错误变异的发生,于是,DNA 的雏形诞生了。到这里,中心法则的全貌已经展现出来,自此以后的几十亿年,生命系统的演化,不过是在这套底层架构上不断扩容的结果。而白烟囱上诞生的这些岩石细胞生物,也不再满足于海底化学能那有限的供给,它们在驯服了磷脂分子膜后,挣脱了白烟囱温暖的怀抱,勇敢地向上方更为广阔的空间发起探索,去追寻地球上最富饶的能量来源——太阳辐射。

5.3.4 地外起源说

关于生命起源,其实还有一个理论,那就是地外起源说。2006 年,经历长达 7 年的空间飞行,"星尘"(Stardust)号探测器成功返回地球。这枚探测器重点探测的目标是维尔特二号彗星和它的彗发成分。随着实验数据的披露,人们发现探测器采集带回的彗星物质中,竟然包含氨基酸。由此,有观点认为，地球上的生命有可能起源于地球之外，这些包裹了早期生命或生命物质的彗星，随着晚期重轰炸事件，把生命的种子散布到了地球的海洋中。但这种观点被视为不负责任，因为它并没有真正回答生命的起源过程，而是抛出了另一个更难获得研究资料的问题：地球之外的生命怎样起源？但不管怎样，无论是地球还是地球以外的其他天体，对生命起源的探索，永远是一个非常值得投入的领域。

5.4 最早期生命的地质学证据
Geological evidence of the earliest life

对于生命的起源，其实可以分解为两个问题，分别是：最早的生命何时诞生？以及最早的生命怎样诞生？之前的章节我们已经讨论了关于"最早的生命怎样诞生"这个问题的探索过程，运用地质学和生物化学的研究方法，历经几代人无数杰出的工作，我们终于对生命的诞生过程有了大致的理论认知。生命一旦出现，就不会停止它扩张的脚步，随着对自身的复制，生命开始在海洋中散布，这一定会留下地质痕迹。在另一个研究方向上，还有一批地质学家致力于探索"最早的生命何时诞生"这个问题，在人迹罕至的地方，寻找古老岩层中生命存在过的蛛丝马迹。

经研究分析，最早的生命应该诞生在海洋中，尤其是海底的白烟囱，更是值得关注的研究对象。但同时我们要清楚，随着板块活动的持续进行，

> 生物圈

一个典型的洋壳，由于不断向消亡边界俯冲，其生命周期不可能超过2亿年。考虑到早期地球更加活跃的地质活动，这个大洋板块的生命周期恐怕只会更短。那么面对古代洋壳的消亡，真的就毫无办法了吗？随着地质学研究的深入，人们发现在克拉通中间，有时会出现条带状的绿岩带（图5-5），这是经历了高度变质作用的蛇绿岩套，是早期陆地形成过程中被挤出海平面的古代洋壳，被封存在了大陆最深处。绿岩带是自然界留给我们认识早期地球海洋环境难能可贵的窗口。

图 5-5　北美的绿岩带
加拿大地盾的太古宙绿岩带（以深绿色显示）大多在
苏必利尔（Superior）克拉通和奴隶（Slave）克拉通中
图片来源：Wicander and Monroe, 2009

第 5 章 生命起源

南非的卡普瓦尔（Kaapvaal）克拉通是地球上最早形成的陆地之一，其核心部位是巴伯顿山地，这就是在地质学和生命起源研究领域都如雷贯耳的巴伯顿绿岩带所在地。虽然经历了变质作用的洗礼，但绿岩带的基本物质成分仍然是各种镁铁质岩石。然而 20 世纪 70 年代有考察发现，在巴伯顿绿岩带的镁铁质岩层中，居然穿插着一些富碳、硅的沉积岩层，这立刻引起了研究者的兴趣。地质学家将这套包含了富碳岩层的地层单位命名为翁弗瓦赫特群（Onverwacht Group，图 5-6），其年龄在 35 亿到 33 亿年间。进一步研究发现，黑色碳质层是由一系列富有秩序性的薄膜组织构成的，将薄膜组织继续放大还能发现丝状、球状、透镜状碳质颗粒，这很可能就是最古老的生命化石证据。用现代生物组织结构进行类比，丝状组织可能就是菌丝，球状颗粒可能就是微生物化石，透镜状叠片组织很可能就是分裂后藕断丝连的菌落组织，薄膜组织可能接近现代的微生物席。虽然早有预知，人类迟早会发现可能的最古老的生物化石，但翁弗瓦赫特群的发现无疑是巨大的突破，将对生命起源时间的追溯，定格在了古太古代的海底世界。

在南非发现的古老生命还是脆弱的、极度原始的，它们还没有离开海底热液活动的怀抱，无法在广阔的海洋空间中自由扩散。绿岩带在现代地球上的分布本身就很少，加之数十亿年沧海桑田变质作用的影响，已经抹去太多生命存在过的痕迹，生命起源的地质证据探索进入一段空白期。直到 21 世纪，研究人员在澳大利亚西部的皮尔巴拉（Pilbara）克拉通发现了最早的叠层石样本，其年龄为 34.3 亿年，这无疑又为生命起源时间的探寻带来了新的线索：因为这是白云岩质的叠层石，是浅海

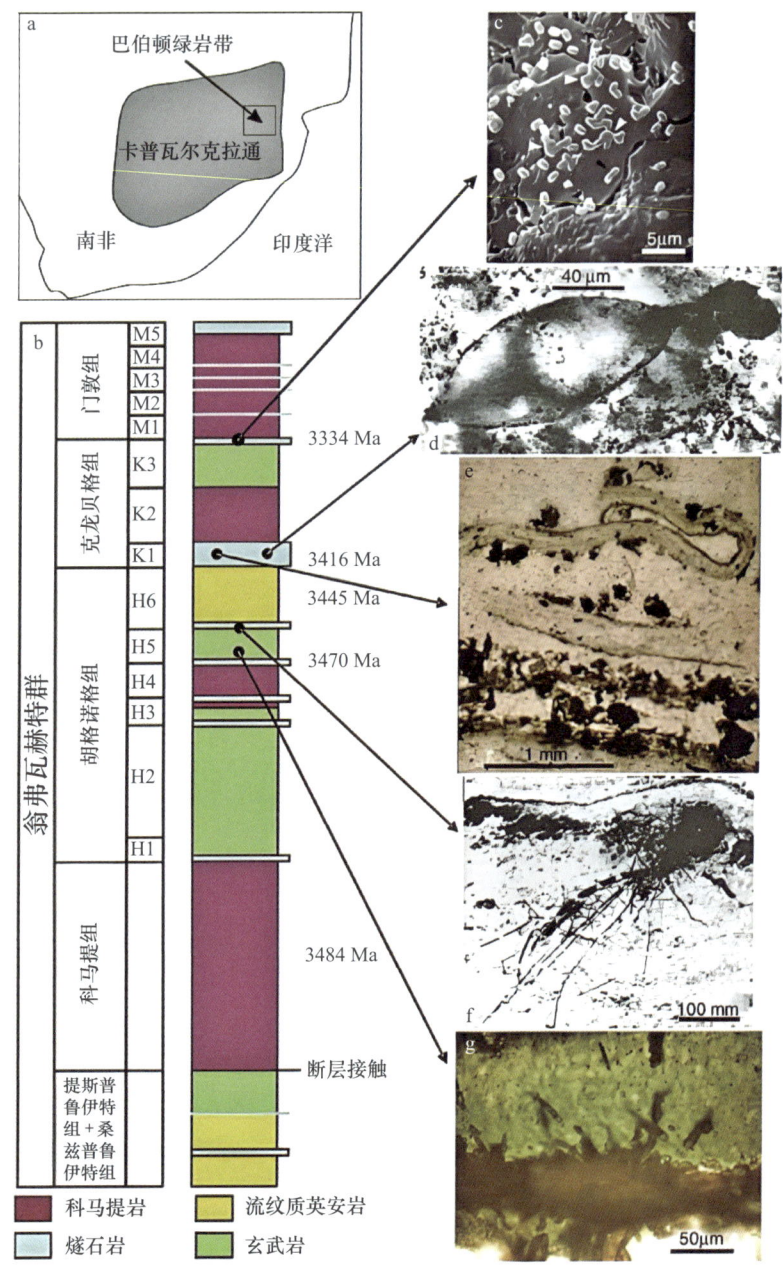

图 5-6 巴伯顿绿岩带所在位置和翁弗瓦赫特群炭质岩层中的微体化石痕迹
图片来源：Seckbach and Walsh, 2008

环境的产物，说明此时的生命已经挣脱深海白烟囱的怀抱，开始占据整个海洋。以上研究都是基于挖掘出的生物化石证据，将生命起源的时间推演到了35亿年前。

科学研究，尤其是不能亲眼见证的早期地球环境研究，总是充满学术论战和争议。1996年，有研究团队在《自然》(Nature) 杂志上发表文章，宣称在格陵兰岛的冰原下发现了生命起源于38亿年前的化学证据。这项研究表明，在格陵兰岛南部伊苏阿地区的岩石中，出现了 ^{13}C 的极度亏损（$\delta^{13}C = -27‰$）。在碳同位素中，^{12}C 和 ^{13}C 是一组很重要的用来追踪生命活动的同位素指标。生命活动倾向于使用 ^{12}C，因此研究样本中的 ^{13}C 越少说明生命活动带来的差异效应越显著。这篇文章试图用化学痕迹来证明早在38亿年前的古太古代，就已经有了生命活动的迹象。但这种蛛丝马迹般的证据，并没有赢得学术界的广泛认同。

2017年，又有研究团队在加拿大魁北克省的赤铁矿中发现了疑似微生物活动的遗迹。文章一经发表，当即引发轩然大波，其惊世骇俗之处在于，这块赤铁矿的年龄在37.7亿～42.8亿年间！这篇文章指出，将这块赤铁矿的切片放在显微镜下观察，能看到许多微米级的细小管道构造（图5-7），而目前我们的确在玄武岩中发现了微生物风化作用形成的微型管道，这与该团队的研究发现非常相似。

疑似生命活动痕迹终究代替不了化石证据的一锤定音，这项研究自发表之日起始终饱受争议。其中最大的争议就是，这些生命如何躲过39.5亿年前那场重启地球表面的晚期重轰炸事件的洗礼。但也有一种解释，那就是生命不止在地球上起源了一次。

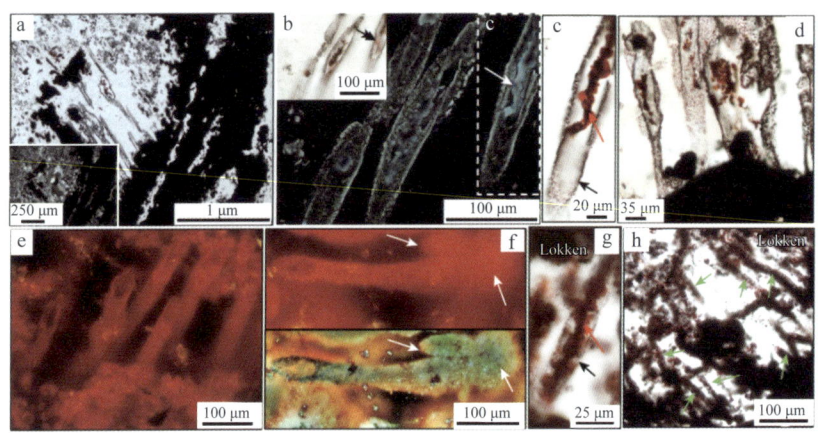

图 5-7 最早可能是 42 亿年前的赤铁矿中的细小管道构造
图片来源：Dodd et al., 2017

生命起源的探索伴随着各种猜想和假说，随着天体生物学、地球生物学的建设和发展，以及各个学科的交叉融合，科研工作者将拥有更多理论和实践工具，可以更加深入地探索生命起源的终极问题，我国在这方面的研究也必将取得突破。

第 6 章

前寒武纪生物圈的演化

> 生物圈

　　春天的万物复苏、夏天的声声蝉鸣、秋天的花果飘香、冬天的万籁俱寂，四季分明，四季可期。我们对今天纷繁的地球生物习以为常，而地球早期的生物圈是怎样的组成？原核生物经历了什么样的演化过程？第一个真核细胞是如何产生的？真核生物又是如何辐射演化的？这些都是人类一直在探索的问题，我们将在本章试图寻找答案。

6.1 原核生物主导的地球早期生物圈
The early Earth biosphere dominated by prokaryotes

• 6.1.1 最早的生命形式

　　在距今40.2亿～25亿年前的太古宙，从大轰炸结束到大氧化事件，是地球生命的起始和早期演化阶段。虽然至今我们仍无法揭开太古宙生命的具体过程，但从现有的化石证据来看，太古宙最终的生命形态也只有古菌、细菌等原核生物。太古宙早期的生物圈主要由厌氧的低等原核微生物组成，如产甲烷菌、铁细菌等；太古宙晚期则出现了具产氧光合作用的蓝细菌。这些简单的原始原核生物，细胞成分较为简单，除必需营养物质外，仅含基本的新陈代谢相应的酶和合成这些酶的细胞结构（如核糖体），缺少真

核生物细胞中的其他复杂结构。

由于当时的大气是还原性的，几乎不含氧气，因此早期生命一定都是厌氧的，但关于这些早期生命是自养型还是异养型目前还存在争议。有些学者认为，生物完成光合作用和消化其他生物所需的自身条件较为复杂，可能出现在演化较晚时期，所以早期微生物应该是化能自养型生物。此时的原始生命利用热液喷口持续提供的活化能，将海水中的二氧化碳和氢气转化为甲烷或甲酸，获得反应释放的能量来进行生命活动。另一些学者认为，最早的生命靠分解"原始汤"中的含碳有机化合物来获得能量、维持生命，同时将所释放的电子传递给 Fe^{3+}、Mn^{3+}、Mn^{4+} 等氧化状态的离子或分子，进行异养型新陈代谢，但早期地球环境中是否存在足够的有机质和氧化态的金属离子或其他电子受体是目前争议的一个问题。还有学者认为早期的细胞应该包含厌氧型的光合自养、化能自养和异养等类型的生物，其中厌氧型的光合自养生物对地球环境的改变产生了巨大的作用。

原始的原核细胞在诞生后，于动荡和营养匮乏的地球环境中，因为自然选择发生了快速的物种分化。从遗传物质层面推测，现代细胞DNA复制过程需要DNA解旋酶、DNA聚合酶、DNA连接酶等多种酶，这些酶能保证DNA复制的准确性；而早期生命进行DNA复制时酶的种类可能相对较少，在复制过程中会更容易出现错误，引起更多的基因突变。在有限环境中，各种变异个体进行生存斗争，更适应环境的突变个体被选择出来并将相关突变遗传给子代，逐代积累的突变导致早期生命的演化非常迅速。在快速演化中，产生了很多新代谢过程和特征，可能很快就建立起了生命演化树的许多主要分支。在澳大利亚西部发现的生物化石证据（叠层石）表明，利用光合作用获取能量的自养生物大约在35亿年前就已经出现了。

生物圈

利用光合作用进行自养是一种较为复杂的新陈代谢类型，可能需要通过许多步骤演化而来。最开始，一些生物可能由于偶然的突变获得了能够吸收光的色素（light-absorbing pigment），使它们可以吸收太阳能。光合作用将太阳能固定并转化，供生物使用，它的出现为生物的生存和繁衍提供了物质基础和能量来源，因此光合微生物的出现是生物演化历史上重要的一页。

绝大部分光合铁氧化微生物是不产氧光合微生物，包含早期生活在缺氧环境中的原始蓝细菌，它们利用Fe^{2+}作为还原剂提供电子。在富含Fe^{2+}、缺乏硫化物的早期海洋生态系统中，光合铁氧化微生物能在很长一段时间内占据优势地位，因而成为当时最主要的初级生产者。因为该不产氧光合作用的产物中存在Fe^{3+}，所以这类微生物功能群是前寒武纪条带状铁建造（BIF）形成的主要微生物。到元古宙中期，随着条带状铁建造的消失，海水中Fe^{2+}的浓度明显降低，透光层海水中的Fe^{2+}浓度不足以支撑光合铁氧化微生物进行足够的不产氧光合作用，导致该微生物的优势地位逐渐降低，种群数量随之减少。

• 6.1.2　产氧光合作用的出现

不产氧光合作用的微生物在进行光合作用时，利用硫氢化物（硫化氢）作为电子供体生成有机物和单质硫，因此不产生氧气：

$$12H_2S + 6CO_2 \rightarrow C_6H_{12}O_6 + 6H_2O + 12S$$

蓝细菌以水为电子供体生成有机物和氧气，进行产氧光合作用：

$$12H_2O + 6CO_2 \rightarrow C_6H_{12}O_6 + 6H_2O + 6O_2$$

第6章 前寒武纪生物圈的演化

产氧光合作用的出现为大气环境带来了大量的氧气，但最初产生的氧气可能被早期地球环境中的还原性物质（如 Fe^{2+}）消耗了，因此氧气积累起来是一个缓慢的过程。逐渐积累的氧气开始破坏有机分子的化学键，给生命带来一场危机，许多原核生物可能因此走向了灭绝。有一些微生物通过生活在与氧气隔绝的环境，如深埋在地下的岩石中，来避免氧气的不利影响。如今，我们还可以在缺氧环境中发现许多厌氧微生物，如隐藏在土壤中的破伤风杆菌和动物消化道中的乳酸杆菌。

由于大气中的氧气是由产氧蓝细菌逐渐产生的，因此有一些生物有充足的时间进行基因突变和自然选择，演化出新的代谢方式或自我保护机制，使它们在有氧环境中也能生存下来。部分原核生物甚至利用氧气帮助有机物的分解进行更高效的新陈代谢，有氧呼吸方式至此出现。20亿年以后的今天，地球上的很多动物、植物和微生物仍然在使用着当时面临氧气危机时演化出来的新陈代谢机制。

总的来说，地球早期环境决定了光合自养微生物经历了从早期的不产氧光合微生物功能群，逐渐演化形成后来的产氧光合微生物功能群的过程。

产氧光合自养微生物利用水作为还原剂来提供电子进行光合作用，地球上绝大部分的氧气因此而来。作为地球早期唯一的产氧光合自养微生物——蓝细菌，起源于25亿～26亿年前。产氧光合自养生物起源后，地球上的氧气含量逐渐增加，海洋透光层中光合铁氧化微生物等进行不产氧光合作用所需的电子供体 Fe^{2+}、H^+ 等的浓度大幅降低，以水作为电子供体的产氧蓝细菌逐渐占据优质地位，在陆缘浅海和滨海环境逐渐繁盛壮大。在后续的很长时间内，产氧蓝细菌一直是海洋表层的主要光合微生物，积累的氧气改变了原始地球的众多生物，因此有学者将元古宙称为"蓝细菌时代"。

> 生物圈

6.1.3 甲烷代谢微生物功能群

甲烷是早期大气圈的重要组分，其含量变化与甲烷代谢微生物功能群密切相关。产甲烷微生物在严格厌氧环境下，主要消耗氢气、二氧化碳及甲醇等简单有机物并生成甲烷。根据近来分子生物学研究，产甲烷微生物位于生物演化树的根部，说明该微生物在地球上的起源非常早。

嗜甲烷微生物以氧气、Fe^{3+}等氧化剂作为电子受体消耗甲烷，并以甲烷作为碳源和能源。根据电子受体的不同，可将其分为甲烷厌氧氧化微生物功能群和甲烷好氧氧化微生物功能群。嗜甲烷微生物需要的氧化剂在地球早期非常缺乏，因此推测嗜甲烷微生物功能群在缺氧的地球早期难以起源。

6.2 原核生物对地球环境的影响
The influence of prokaryotes on the Earth's environment

6.2.1 原核生物通过生物地球化学循环对环境的作用

生命选择性地从无机自然界中吸收生长发育所需的营养元素，此时可以将大自然看作是一个庞大的"元素银行"。尽管无机自然界蕴藏着极其丰富的元素，但随着生命的逐渐繁盛，"元素银行"中构建生物体所必需的常用元素会逐渐减少，从而影响生命的延续。因此，自然界中的元素能够被循环利用就成了一项基本的自然法则，原核生物在其中主要承担将生命"借走"的元素归还无机自然界的作用。整个生物圈要获得长久的良好发展，除了需要来自太阳的能量持续供应外，原核生物等微生物推动的生物地球化学循环也至关重要。

原核生物主要参与的生物地球化学循环有碳循环、氮循环、硫循环和磷循环等。在碳循环中，原核生物主要作为分解者，通过分解作用、呼吸作用、发酵作用或者甲烷形成作用，将生产者通过光合作用形成的有机物分解、矿化和释放，保持生物圈良好的碳平衡。在氮循环的8个环节中，生物固氮、硝化作用、氨化作用、异化性硝酸盐还原作用、反硝化作用和亚硝酸氨化作用只能通过微生物才能进行，特别是为整个生物圈提供氮素起点的生物固氮作用，只有固氮细菌这种原核生物才能进行。而在硫循环和磷循环的每个环节中，都有相对应的原核生物微生物群参与其中。

• 6.2.2 原核生物的生物化学风化作用对环境的影响

生物在生活过程中或死亡后会产生有机酸等物质，这些物质能腐蚀岩石，使岩石变成松散的碎屑和土壤，这个过程就叫作生物化学风化作用。与真核生物相比，原核生物个体微小且数量多，因此由原核生物引起的化学风化作用强烈而广泛。

原核生物通过风、浮尘等传播到岩石表面后，若恰巧落在适宜生长繁殖的区域，便开始持续分泌乙酸、乳酸、丙酮酸、琥珀酸等有机酸腐蚀岩石，或分泌各种酶催化地表某些反应，以从岩石中获取生长所需营养。而由于各种原因死亡的原核生物则会产生腐殖酸，同样会加速岩石分解。同时，

> 生物圈

原核生物的繁殖堆积和尘埃覆盖会增加岩石表面的黏着力，使得岩石更易持水和附着空气中的营养性物质，这会改善原核生物的生存条件，正反馈增加原核生物引起的生物化学风化作用。

原核生物引起的化学风化作用对气候环境也有影响，若对岩浆岩等硅酸盐岩进行风化，会降低大气中的二氧化碳含量，导致全球变冷；相反，对含大量有机质（如化石燃料）的岩石进行风化，则会升高大气中的二氧化碳含量，导致全球变暖。

生物化学风化作用最典型的例子是乐山大佛的生物风化破坏现象。始凿于唐开元初年的乐山大佛，佛体及周边岩体表面生长了大量菌斑和植物，这些生物的生长和代谢对大佛岩体造成了严重的破坏。此外，金属矿区酸性矿坑水的形成也是一个典型的生物化学风化作用的例子，硫化矿石被硫代谢微生物功能群加速氧化，形成酸性矿坑水，酸性矿坑水较低的pH和较高的重金属含量造成生态环境的破坏。铁帽型金矿床的形成也与原核生物的化学风化作用有关，原核生物对黄铁矿等硫化物进行风化，使得金元素被第二次富集，形成铁帽型金矿床，这类金矿床具有埋藏浅、易采选等特点。

• 6.2.3 产氧光合作用与第一次大氧化事件

产氧光合作用出现后，地球上开始出现氧气。氧气的出现给一些生物带来了危机，也为另一些生物创造了机遇。当产氧蓝细菌释放的氧气大于地球上其他生物和还原性物质消耗的氧气时，大气中的氧气含量会出现增加的情况。大约24亿年前，大气中的游离氧含量突然增加，这一事件被称为大氧化事件。

大氧化事件最直接的产物和证据是条带状铁建造（图6-1）。条带状铁建造是前寒武纪的细条带状硅质赤铁矿矿床，由燧石和铁的氧化物、硫化物、碳酸盐类矿物组成的交替层。当环境处于还原状态时，铁元素以Fe^{2+}形式存在，溶于水中随着海水扩散；而当环境中出现氧气时，Fe^{2+}会被氧化成Fe^{3+}而发生沉淀。条带状铁建造最主要的分布时段是距今24亿～18亿年，与大氧化事件重合，更加确证大氧化事件发生于24亿年前。

氧气含量的增加推动了臭氧层的形成，臭氧层能有效阻挡紫外线从而增大了生物的生存空间；氧气含量的增加也推动了有氧呼吸的出现，生物的异化效率得到了大幅提高，从而加速了生物的演化；氧气含量的增加还提高了地球表层物质的循环速率，进而对气候和生态环境产生了影响。

图6-1　条带状铁建造
图片来源：Marshak，2008

> 生物圈

6.3 真核生物起源和多细胞化
The origin of eukaryotes and multicellularity

举目所见，我们自身及周围的花鸟鱼虫都是由真核细胞组成的多细胞复杂生物，但真核生物的起源仍然是生物界仅次于生命起源的第二大谜团。真核生物的祖先是什么？真核生物演变的具体机制是什么？两大核心问题是学术界长久以来争论的焦点。

大氧化事件为真核生物的起源和多细胞化铺平了道路，目前解释真核生物起源最广为接受的学说是由马古利斯（Margulis）提出的内共生假说。由于细胞内部的微细结构很难通过化石证据保存，因此马古利斯的内共生假说虽然得到广泛的支持和认可，但并没有化石证据能直接证明，共生过程也不可能从化石中观察到，我们只能在部分化石中通过细胞结构的区别找单细胞真核生物存在的证据。

在山西永济约16亿年前的地层中发现的疑源类（Acritarchs）化石（图6-2），是目前可以识别的最古老、可靠的单细胞真核生物化石证据。从时间上看，因为真核生物的生命活动主要是通过有氧呼吸分解有机物来获得能量，因此推测真核生物的起源不会比地球氧化大气圈出现得早。而且，早期地球的大气圈氧气含量较低，只有海洋表层的水体中溶解了一定浓度的氧气，整个海洋的底层水体是缺氧的。这使得该时期的单细胞真核生物发展空间受到限制，只能生活在海水的表层营漂浮生活。

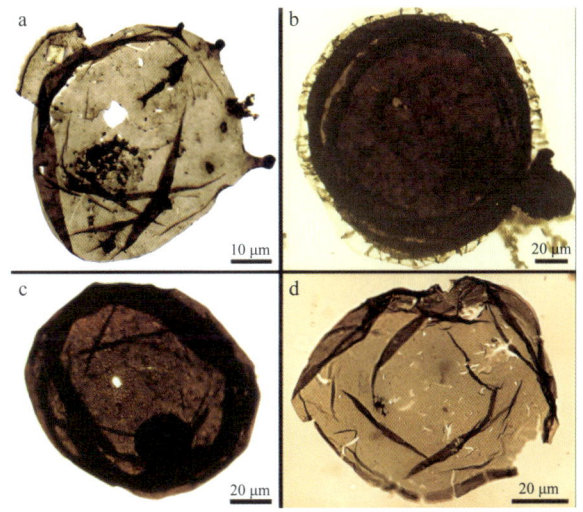

图 6-2　山西永济中元古代汝阳群北大尖组大型具复杂修饰的疑源类化石。它们是可靠的单细胞真核生物化石，表明距今约 16 亿年前，单细胞真核生物已经具有一定的形态分异
图片来源：袁训来等，2023

• 6.3.1　真核生物多细胞化及其化石记录

多细胞生物的出现是生命演化史中一个重要的事件。从单细胞生物到多细胞生物，最根本的区别是出现了细胞分化。具有不同形态、结构和生理功能的细胞之间相互协作，使多细胞生物成为更适应环境的结构形式。

单细胞生物和多细胞生物之间可能并没有明显的界限，现在普遍认为如今的多细胞生物都起源于相应的单细胞原生生物群体，如单细胞绿藻群体演化成了陆生植物，某些单细胞原生生物群体演化成了真菌和动物。从原生生物到原生生物群体再到多细胞生物，推测经历了三个阶段（图6-3）。

第一阶段，单细胞生物完成细胞分裂后细胞未彼此分离，聚集在一起形成一个多细胞群体。如现今的团藻，每一个小群体都是由约60万个带鞭毛的团藻细胞聚集而成的单层中空球体。

第二阶段，多细胞群体中的细胞开始出现形态、结构和生理功能等方面的差异，细胞分化和分工逐渐明显。在团藻群体中有些细胞失去鞭毛开始负责为群体摄食或合成食物，仍然具有鞭毛的细胞则主要负责群体的运动。

第三阶段，细胞专门化程度进一步提高，细胞各自拥有了不同的形态和功能，群体中开始出现生殖细胞。

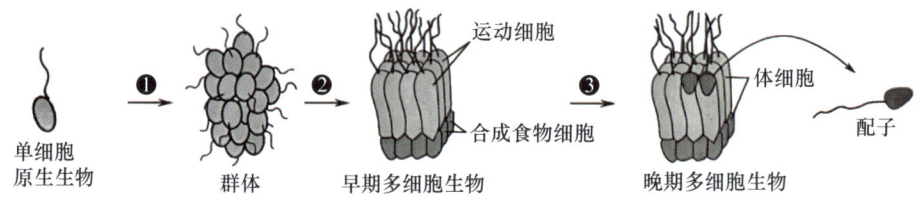

图6-3 多细胞生物起源于单细胞原生生物的模式
图片来源：沈银柱等，2020

距今10亿年前后的化石证据显示，单细胞真核生物的分异度明显增加，还出现了一些肉眼可见的多细胞藻类化石。典型的证据是在世界多地均有报道的 *Chuaria-Tawuia* 宏体碳质压膜化石组合。我国胶辽徐淮地区距今10亿～8亿年间的地层中发现的该类化石标本显示，该时期的藻类已具有多细胞结构。这些多细胞藻类呈球形、椭球形、棒状，未出现明显的上下分异，推测主要营浮游生活。部分棒状和长条状类型的藻类一端具有一个圆形或不定形的有机质聚集物，推测它们可能营底栖固着生活，该有机质聚集物可能为固着器（图6-4）。同时期地层中发现的另一类具有分枝的微体丝状体化石 *Proterocladus* 也出现了多细胞化和细胞分化，具有固着器结构，推测为绿藻化石。此外，还有一类微小多细胞丝状体 *Bangiomorpha pubescens*，推测为最早的红藻。

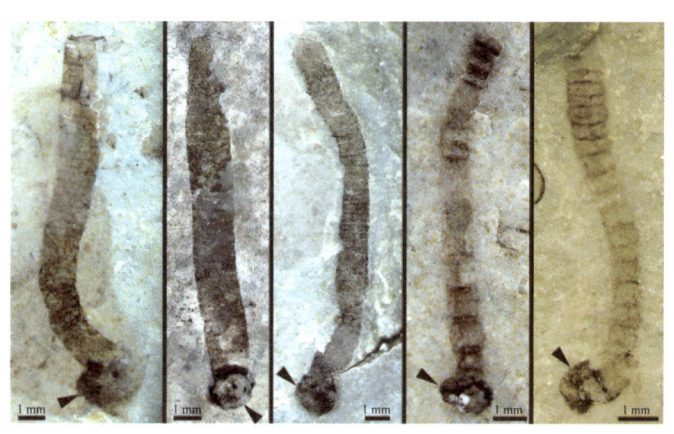

图6-4　山东安丘新元古代土门群石旺庄组宏体碳质压膜化石

带状碳质压膜化石 *Protoarenicola* 的带状体上具有明显的横向条纹，一端具有近圆形的碳质加厚结构或圆环形结构，横纹可能为藻体的生长纹，圆环状结构可能为固着器。早先的研究者曾将其认定为蠕虫，经进一步的系统研究后，对此解释是多核体藻类，类似现代绿藻中的管枝藻

图片来源：袁训来等，2023

6.3.2　后生动物起源与埃迪卡拉生物群

6.3.2.1　后生动物起源

如今占据地球生物圈主导地位的后生动物，被认为起源于领鞭毛虫。分子证据表明，领鞭毛虫与后生动物的亲缘关系极为紧密。领鞭毛虫的

生物圈

鞭毛周围具有一个由细胞质突起形成的领状结构，领鞭毛虫会通过摆动鞭毛制造水流，并通过领状结构捕获水流中的微生物和碎屑，这与海绵中负责摄食的领细胞（choanocyte）极为相似。部分领鞭毛虫，如原绵虫（*Proterospongia*），在特定条件下能够形成细胞集群，甚至产生初步的细胞分化。

最早的后生动物是何时出现的？有学者根据遗迹化石和分子钟推测后生动物可能早在距今10亿～8亿年前就已经出现了，而可靠的化石证据则指向了新元古代后期、距今6.35亿～5.41亿年的埃迪卡拉纪。在埃迪卡拉纪，生物圈的面貌发生了剧变，后生动物的出现使得生物圈全然一新，与此前以微生物为主导的总体格局截然不同，并为即将到来的寒武纪大爆发（Cambrian explosion）埋下了种子。因此，埃迪卡拉纪的动物演化过程可以被认为是寒武纪大爆发的序幕。

埃迪卡拉纪早期的化石主要为微体化石，保存方式包括三种：以有机质成分保存在泥页岩中，以硅化方式保存在燧石中，以磷酸盐化方式保存在磷块岩中。

其中，磷酸盐化化石通常以三维立体的形态保存，甚至可以观察到微体生物的细胞结构，具有极高的研究价值。在位于我国贵州瓮安距今6亿～5.8亿年的陡山沱组磷酸盐化化石中，发现了具细胞结构的动物胚胎化石（图6-5）以及微型海绵动物（Porifera）、刺胞动物（Cnidaria）化石。瓮安生物群是目前世界上已发现的最古老的含动物化石生物群，为揭示后生动物起源过程提供了关键证据。

第 6 章　前寒武纪生物圈的演化

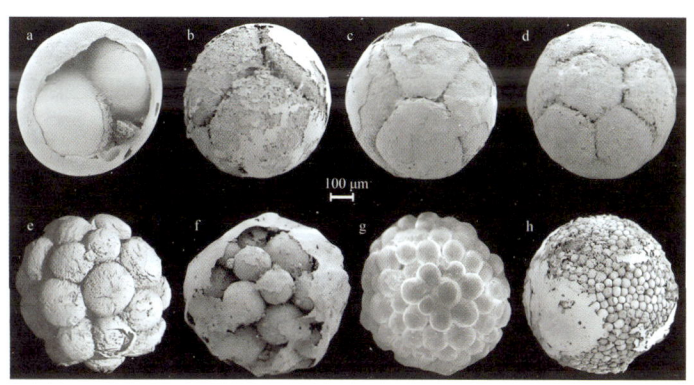

图 6-5　瓮安动物卵裂期胚胎早期发育序列
图片来源：殷宗军，2017

6.3.2.2　埃迪卡拉生物群

1946 年，古生物学家斯普里格（Sprigg）在澳大利亚南部埃迪卡拉山约 5.5 亿年前的石英砂岩中，首次发现了前寒武纪的大型多细胞动物化石。这一化石动物群根据发现地点被命名为"埃迪卡拉生物群"（Ediacaran biota，图 6-6），埃迪卡拉纪的名称同样来源于这一重要化石动物群的发现地。

埃迪卡拉生物群距今 5.75 亿～5.45 亿年，是迄今发现的前寒武纪最大、最早的大型化石动物群。该动物群不仅分布于澳大利亚南部，在包括加拿大纽芬兰、俄罗斯北部白海、纳米比亚和我国三峡在内的世界上 30 余个地区，均有埃迪卡拉生物被发现。目前已有约 100 种大型动物化石被记录，这些化石的大小从几毫米至几十厘米不等，但都具有一些重要特征。

第一，埃迪卡拉生物群的绝大部分化石动物不具备矿化的外壳或骨骼，且大多保存于一般被认为不易保存化石的砂岩层中。这可能有些不可思议，但是在埃迪卡拉纪，动物种类和数量都很稀少，海底被微生物构成的微生物席覆盖，其中几乎不存在动物活动，不易被扰动的底质使得这些软躯体的动物更容易被保存为印痕或模铸化石。不过，由于这些动物保存在粒度较粗的砂岩层中，因此许多形态细节并未被保存。但是在我国三峡地区发现的埃迪卡拉化石保存在富含有机质的灰岩中，因此更多的形态细节得以为人所知，为埃迪卡拉生物群的研究开辟了一条新道路。

第二，埃迪卡拉生物群中的动物形态各异，大部分动物与显生宙的动物形态差异巨大，难以确定为某一现生动物门类的祖先，且这些动物普遍缺乏一般后生动物具有的用于运动、取食的器官，这给研究者带来了大量难以解决的问题。因此，关于埃迪卡拉生物群中化石动物的分类地位和生活方式，学术界依然众说纷纭。埃迪卡拉生物群中的一小部分化石动物，如金伯拉虫（*Kimberella*）与狄更逊水母（*Dickinsonia*），被认为可能是如今两侧对称（bilateral symmetry）动物的祖先，但大部分动物的分类地位尚不能确定，有古生物学家认为，埃迪卡拉生物群很可能代表着一次"失败的生物演化尝试"。但重要的是，埃迪卡拉生物群中的确存在可能为显生宙后生动物早期祖先的类群，尽管它们与其他埃迪卡拉生物的关系依然处于重重迷雾之中。

图 6-6 埃迪卡拉生物群的化石群落复原图
图片来源：Franz Anthony

6.3.3 最早的具骨骼动物

埃迪卡拉纪较晚时期的化石群出现了动物骨骼的记录。其中，非常典型的是发现于我国陕西宁强的高家山生物群（图6-7），该生物群位于距今5.45亿年的灯影组中，是迄今发现的最早的具骨骼化石动物群，说明埃迪卡拉纪晚期已经出现了原始的生物矿化作用，即生物通过自身代谢产生无机矿物以制造硬组织的过程。生物矿化使得动物产生了硬组织，保存为化石的概率大大增加。

真正大规模且接近现代生物矿化过程的生物矿化事件发生在寒武纪纽芬兰世（Terreneuvian，距今5.41亿～5.21亿年），我们将在下一章进行详细解读。

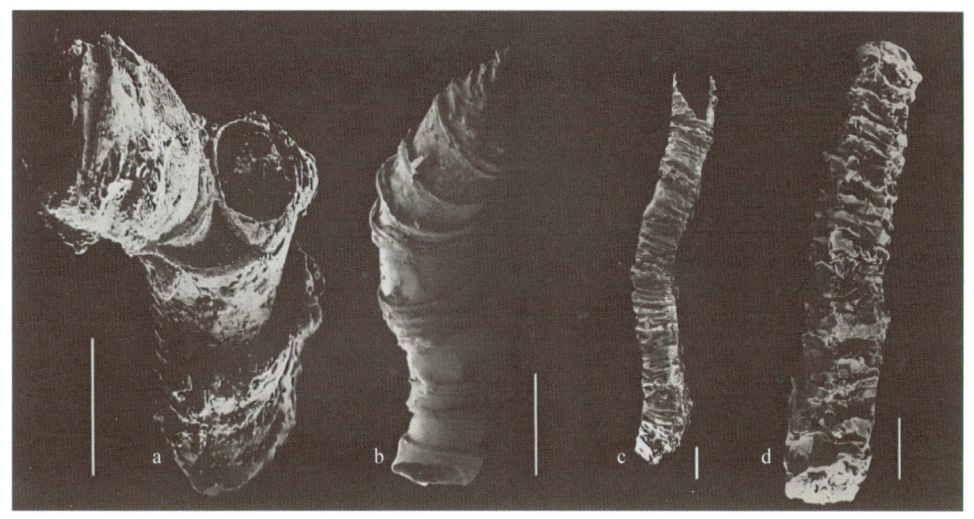

图6-7 高家山生物群动物骨骼化石
图片来源：周传明，2018

第 7 章

显生宙生物圈的发展

> 生物圈

7.1 寒武纪大爆发
Cambrian explosion

　　动物是生物圈的重要组成部分。自 6.35 亿年前的埃迪卡拉纪至今，动物经历了无比漫长的演化，形成了如今丰富多彩的动物世界。在这一节，我们将聚焦动物演化史上的一次重大事件——寒武纪大爆发，探索其过程和影响。

　　1859 年，达尔文在他的著作《物种起源》中记录了一个令他深感困惑的问题：以三叶虫为代表的多个门类无脊椎动物化石，在寒武纪地层中突然大量出现，而在更古老的前寒武纪地层中，却未能发现类似的动物化石。达尔文对这一现象做出的解释是，寒武纪的动物来源于其前寒武纪祖先的长期演化，是前寒武纪地层中动物化石记录的缺失造成了寒武纪动物化石种类爆发式增长的假象。寒武纪动物的突然大量出现被古生物学家和地质学家称为"寒武纪大爆发"，是地球历史上最具革命性的重大生物演化事件之一。

• 7.1.1　早期后生动物矿化事件

　　经过埃迪卡拉纪近一亿年动物隐形辐射（cryptic radiation）的奠基，

第7章 显生宙生物圈的发展

在寒武纪，一场爆发式的动物辐射演化开始了。寒武纪大爆发的第一幕发生在纽芬兰世，原口动物（Protostomia）中以软体动物（Mollusca）为代表的大量冠轮动物（Lophotrochozoa）门类出现，因此这一幕也被称为"冠轮动物的大辐射"。

在纽芬兰世，发生了大规模的后生动物矿化事件，众多门类的动物几乎在同一时间开始利用代谢产生的矿物质建造骨骼，矿化骨骼起到了支撑和保护动物体的作用，为动物的后续演化提供了条件。这一大规模生物矿化事件的证据便是出现在纽芬兰世地层中的大量动物骨骼化石：这些骨骼化石一般个体较小，大的仅有几毫米，小的不到一毫米，用肉眼难以辨别；它们包含多个后生动物门类，被统称为"小壳化石"。

从这些介绍中不难看出，小壳化石并非一个分类学定义，而是众多微小动物骨骼的统称。根据骨骼的完整程度，小壳化石大致可以分为整体骨骼化石（图7-1）和骨片（sclerite）化石两类。整体骨骼化石包括软舌螺、软体动物、腕足动物、腔肠动物、管状化石等，这些骨骼化石基本能够反映出原动物的形态特征；骨片化石包括托莫特壳类（Tommotiid）、赫尔克壳类(Halkieria)、织金壳类、开腔骨类（Chancelloriid）、微网虫骨片、原牙形石类等，这些骨骼化石通常为动物整体骨骼结构，即骨片系（scleritome）的一部分，并不能单独反映原动物的形态特征。

根据矿物组成成分的不同，小壳化石可以分为碳酸钙质壳、磷酸钙质壳和硅质骨骼三类。碳酸钙质壳由方解石（calcite）构成，如软舌螺、软体动物、开腔骨类等；磷酸钙质壳有磷质腕足动物、似软舌螺（管状化石的一种）、托莫特壳类、微网虫骨片、原牙形石等；硅质骨骼如普通海绵和六射海绵骨针等。

小壳化石中以碳酸钙质壳和磷酸钙质壳居多，而硅质骨骼较少。在寒武纪早期生物中，磷酸钙质壳的比例明显高于现存生物，且磷酸盐较碳酸盐更稳定，碳酸钙质壳还会发生次生磷酸盐化，因此在小壳化石中，磷质化石的比例相对较高，这也是生物化石距今时间较久的标志之一。

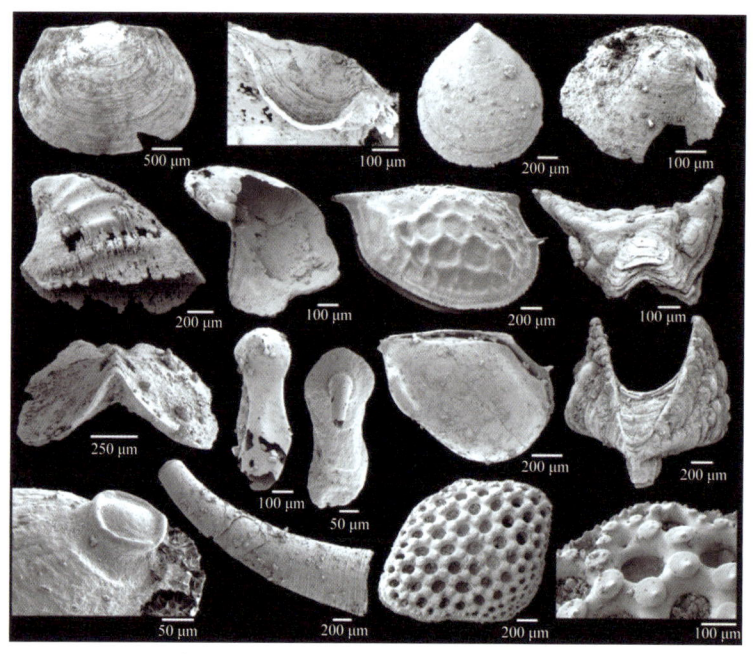

图 7-1　寒武纪早期整体骨骼小壳化石
图片来源：周传明，2018

从空间上看，小壳化石分布广泛，各大陆寒武纪地层中均有发现，在我国的西南和塔里木地区、俄罗斯的西伯利亚地台、澳大利亚等地尤为丰富；从时间上看，小壳化石的出现始于纽芬兰世，繁盛于纽芬兰世和寒武纪的第二世（距今 5.21 亿～5.09 亿年），部分种类如开腔骨类，延续至寒武纪晚期。小壳化石的繁盛期包含了三叶虫的产生与早期演化时期，因此，

第 7 章　显生宙生物圈的发展

小壳化石可以作为早期三叶虫地层划分与洲际对比研究的标准化石。同时，小壳化石记录了纽芬兰世动物辐射演化的历程，为后生动物演化研究提供了重要证据。

• 7.1.2　动物树主干的建立与特异埋藏化石库

寒武纪大爆发的第二幕，同时也是寒武纪大爆发的主幕，开始于寒武纪的第二世。原口动物中以节肢动物为代表的蜕皮动物（Ecdysozoa）在这一幕出现并繁盛，棘皮动物（Echinodermata）、脊索动物（Chordata）等后口动物（Deuterostomia）也出现了。自此，现生动物中的几乎所有门类在寒武纪大爆发中都产生了，动物树的主干就此建立；而世界各地的特异埋藏化石库，将这一幕的动物面貌栩栩如生地保存在了地层中。

什么是特异埋藏化石库？众所周知，动物的骨骼容易保存为化石，而软组织在自然环境中会迅速被微生物分解，难以保存在地层中。但是在极少数特殊条件下，动物的软组织也能够保存为化石，为古生物研究者提供更丰富的信息。这些能够保存动物软组织的地层，就被称为"特异埋藏化石库"。寒武纪较为重要的特异埋藏化石库主要有加拿大的布尔吉斯页岩（Burgess Shale）生物群和我国云南的澄江生物群、清江生物群等。

布尔吉斯页岩生物群于 1909 年由沃尔科特（Walcott）等人发现于加拿大落基山脉，位于距今约 5.05 亿年的苗岭统地层中。布尔吉斯页岩生物群包含了 10 余个门的动物化石，以节肢动物为主，称霸寒武纪的大型捕食动物——奇虾的化石，最早就发现于布尔吉斯页岩生物群中。1981 年，布尔吉斯页岩生物群被列入世界文化遗产遗址。

> **生物圈**

澄江生物群最早于1984年由侯先光先生发现于我国云南省澄江县的帽天山，位于距今约5.2亿年的寒武系第二统第三阶玉案山组地层中，后来在昆明市等地也有类似的动物化石被发现。澄江生物群包含化石动物20余门、50余纲、220余种，从低等的海绵动物到高等的脊索动物，几乎所有现生动物门类在澄江生物群中均有典型的化石被发现，且这些化石保存在颗粒较细的页岩和粉砂岩中，眼睛、消化道、神经等软组织均保存完好，不同动物的底栖固着、底栖爬行、浮游等习性也都能反映在化石中，这为研究寒武纪早期动物的解剖构造与生活习性提供了宝贵资料。众多动物门类在约2000万年间迅速产生，为间断平衡说（punctuated equilibrium）提供了依据，说明地球上的生物演化是一个渐进与跃进并存的过程。大量处于演化中间环节的动物化石在澄江生物群中被发现，为探索动物系统发育过程提供了宝贵的信息。《纽约时报》评价澄江生物群的发现是"20世纪最惊人的发现之一"。2012年，澄江生物群被列入世界自然遗产名录。

我们不妨回顾一下从后生动物起源到寒武纪大爆发的整个过程：在埃迪卡拉纪，原生动物实现了多细胞化，海绵动物和刺胞动物的出现揭开了动物演化序幕，地质记录包括瓮安生物群、埃迪卡拉生物群和高家山生物群等；在寒武纪的纽芬兰世，两侧对称的动物体制形成，原口动物中以软体动物为代表的冠轮动物迅速辐射，并伴随大规模的生物矿化作用，构成了寒武纪大爆发的初幕，地质记录以小壳化石为主；从第二世开始，寒武纪大爆发走向高潮，原口动物中以节肢动物为代表的蜕皮动物出现并繁盛，棘皮动物和脊索动物等后口动物也在这一时期出现，动物树的主干形成，构成了寒武纪大爆发的主幕，地质记录以特异埋藏化石库为典型，包括澄江生物群和布尔吉斯页岩生物群等。寒武纪大爆发使海洋生物圈发生了革

第 7 章 显生宙生物圈的发展

命性的变化。

• 7.1.3 寒武纪大爆发与海洋生物圈革命

作为地球历史上重大的生物演化事件之一，寒武纪大爆发对海洋生物圈的影响是革命性的。后生动物的几乎全部门类和身体形态都在寒武纪大爆发中形成了，海洋生态系统也在这一时期复杂化，形成了类似现代浅海环境的群落空间结构和食物网。

7.1.3.1 骨骼革命：大规模的后生动物矿化事件

纽芬兰世小壳化石的发现告诉我们，在寒武纪初期，动物就开始利用代谢产生的矿物质建造矿化骨骼了。这些矿物质构成的骨骼或外壳对动物体有着支撑和保护的作用，为动物的形态演化、新生活方式的形成，甚至登陆奠定了基础。这一事件被称为"后生动物矿化事件"。学术界对生物矿化事件的成因有着不同的解释，我们在这里仅对部分合理的解释展开叙述。

在寒武纪，地球出现了广泛的海侵现象，陆地风化层遭到海水侵蚀，海洋中的 Ca^{2+}、PO_4^{3-} 等离子浓度增加（也有人认为这些离子可能来源于大洋中脊的活动）；这些离子一方面为动物建造骨骼提供了物质基础，另一方面可能对当时海洋中的软躯体动物具有毒害作用。同时，从前寒武纪到寒武纪的过渡时期，地球正经历第二次氧化事件，大气中的氧含量增加，使得个体较大的动物进行有氧代谢成为可能，但是柔软的躯体难以支撑较大的体型，因此动物需要矿化的骨骼以适应增大的体型。

> 生物圈

出于以上原因，寒武纪的动物开始利用海水中的 Ca^{2+}、PO_4^{3-} 等离子制造矿化骨骼，以隔绝外界离子的毒害或支撑自己的躯体。此外，生物矿化也有可能是动物排出体内较高浓度离子的一条途径。

还有古生物学家认为，生物矿化来源于寒武纪海洋中捕食关系的形成：食肉动物捕食的选择压力促进了食物链下层动物矿化骨骼的形成，同时食肉动物也在生存竞争下通过形成骨骼提高其捕食能力。但是也有学者倾向认为捕食或抵抗掠食者仅仅是矿化骨骼的功能之一，而非其成因。

值得注意的是，后生动物矿化事件是一个生态事件而非系统发生事件，具有矿化骨骼的动物群是趋同演化产生的并系群，并不能用于判断寒武纪动物的演化关系。但是显然，矿化骨骼对动物的后续演化产生了巨大影响，环境在演化中的巨大作用在这里得到了充分体现。

7.1.3.2 体制革命：两侧对称体制的形成

尽管多细胞动物的形态看起来复杂多样，但是均可以归纳为三种体制：以海绵生物为代表的不对称体制，以刺胞动物为代表的辐射对称（radial symmetry）体制，以及大多数生物的两侧对称体制。

有充分化石证据的两侧对称动物最早出现在寒武纪初期。两侧对称动物的身体有了前后、左右、背腹的区别，更有利于功能的分化：身体背侧发展保护功能，而腹侧发展运动功能；神经系统和感觉器向身体前端集中，形成头部，定向运动和对环境的准确感知成为可能。两侧对称动物摆脱了单调的固着或漂浮生活方式，开始爬行或游泳，运动能力与适应性大幅增强，为后来的登陆创造了条件。

7.1.3.3 底质革命：新的生活方式与生活空间

矿化骨骼的产生和两侧对称体制的形成大大提高了动物的运动能力，底栖爬行、游泳、钻孔等各种新的生活方式在寒武纪动物中产生；动物的活动改变了海底沉积物的结构，动物的生存空间也得到了拓展。这一过程在埃迪卡拉系-寒武系地层的遗迹化石变化中得以体现。

遗迹化石是指古生物的活动痕迹和遗物形成的化石，如爬迹、潜穴和粪便等。最早的动物遗迹化石出现在埃迪卡拉纪，是动物在海底沉积物表面活动形成的，数量稀少。在这一时期，动物仅在海洋底质表面有轻微活动，底质几乎不受任何扰动，因此发育有完整的蓝细菌微生物席，埃迪卡拉纪动物就依靠这些微生物生存；微生物席的下方则是还原层。通常可以认为，埃迪卡拉纪的海洋生态系统是一个以底栖生物和微生物席为主的单调"平面生态系统"。

而到了寒武纪，底栖生物的演化大幅改造了海底环境。寒武纪的遗迹化石在种类、数量、复杂度等方面都远远超过了埃迪卡拉纪，展示了寒武纪动物多样的生活方式。海洋底质的生物扰动增强，影响深度增加，破坏了微生物席的产生环境，于是海洋底质的微生物席逐渐消亡，同时海洋底质本身逐渐过渡为生物扰动混合底。寒武纪动物的扰动将海底沉积物翻松，使得含氧层不断加深，还原层不断下移，这样一来，动物得以在沉积物中生存，生存空间不断扩展。

在寒武纪的海洋中，有浮游生物、游泳生物、底栖固着生物、底栖爬行生物、穴居生物等，这些生活方式不同的生物占据了海底沉积物的内部与海水的不同层级，形成了一个丰富多彩的类似于现代浅海环境的"三维生

> 生物圈

态系统"。海洋中不同的新生态位被发掘出来,为之后动物的多样化奠定了基础。

7.1.3.4 生态革命:海洋复杂生态系统的形成

寒武纪大爆发后,海洋生态系统迅速复杂化。寒武纪海洋生态系统的复杂化除体现在上面提及的生物生存空间的扩展外,还体现在海洋中金字塔式食物链的形成。根据对寒武纪化石口器的形态分析,可以确定这些动物已经具有了不同的食性,物种之间产生了竞争和捕食关系。三叶虫以海底的碎屑、海藻和海绵等为食,而奇虾这种体长 1 m 左右的大型动物则是寒武纪海洋中的顶级捕食者,处于食物链的顶端。

7.2 海洋动物群的进一步发展
The further development of marine fauna

寒武纪大爆发建立了动物树的主干,以此为基础,在奥陶纪,动物界在较低等级的目、科等分类单元的多样性迅速增加,这一事件被称为"奥陶纪大辐射"(Ordovician radiation),体现了寒武纪大爆发的后续影响。可以说,有了寒武纪大爆发形成的动物树主干后,才有了显生宙动物树的"枝繁叶茂"。

寒武纪大爆发后,海生无脊椎动物的主要类群均已出现,三叶虫、笔石

（Graptolithina）、珊瑚虫、头足类（Cephalopoda）和腕足类（Brachiopoda）等类群空前繁盛，构成了古生代动物群的基本面貌；脊椎动物中的无颌类（Agnatha）和原始鱼类也在早古生代出现，为鱼类的繁荣和脊椎动物的登陆奠定了基础。

7.2.1 三叶虫

三叶虫隶属于节肢动物门（Arthropoda），是古生代的代表动物类群之一。三叶虫在早寒武世就已出现，是继小壳动物后最早繁盛的类群。在寒武纪，三叶虫属种繁多，演化迅速，生态分异明显，是寒武纪非常重要的动物化石，在寒武系地层划分中起着重要作用。

三叶虫身体扁平，背侧覆以碳酸钙和磷酸钙质背甲。背甲上的两条背沟将背甲分为中部的轴叶和两侧的肋叶，三叶虫因此得名。背甲从前向后可分为头甲、胸甲、尾甲三部分，其中，头甲形态和头甲与尾甲的比例关系，是三叶虫分类的重要依据。

早寒武世的三叶虫以头大尾小的莱德利基虫目（Redlichiida）为主，这是最古老的三叶虫，被认为是其他三叶虫的祖先。在中晚寒武世，褶颊虫目（Ptychopariida）大量出现，在当时以底栖爬行为主的三叶虫中，营浮游生活的球接子目（Agnostida）是相当独特的存在。

在奥陶纪，三叶虫在海洋中不再占据统治地位；在志留纪，三叶虫开始衰落，这一时期比较值得关注的类群是镜眼虫目（Phacopida）；绝大部分三叶虫都在晚古生代的泥盆纪大灭绝中绝灭，砑头虫目（Proetida）是这次大灭绝中唯一的幸存者，在古生代后期依然有砑头虫目三叶虫存在，直至二叠纪末；在二叠纪末生物大灭绝中，三叶虫与其代表的古生代一同画上了句号。

7.2.2 笔石

笔石隶属于半索动物门（Hemichordata），其骨骼化石往往以炭质薄膜的形态保存在岩石层面上，像铅笔书写的痕迹，因此被称为"笔石"。笔石在中寒武世兴起，奥陶纪和志留纪繁盛，泥盆纪衰落，早石炭世绝灭，历经两亿余年。志留纪的笔石化石极为丰富，被称为"笔石时代"。

常见的笔石基本属于树形笔石目（Dendroidea）和正笔石目（Graptoloidea）。晚寒武世至早奥陶世早期，分枝多、营固着生活的树形笔石（图7-2）是笔石的主要类群；早奥陶世中晚期，分枝少、营浮游生活的正笔石兴起，演化迅速的正笔石成为奥陶系和志留系地层划分的重要依据；志留纪末，笔石开始衰落，仅有少量单笔石类遗存至泥盆纪。

图7-2 树形笔石（左）和单笔石（右）
图片来源：Bjoertvedt（左），Luis Fernández García（右）

7.2.3 珊瑚虫

珊瑚虫，特别是四射珊瑚（Tetracoralla，图7-3），是古生代的代表动物。四射珊瑚在奥陶纪出现，志留纪是四射珊瑚的第一个繁盛期，当时的四射珊瑚以单带型和泡沫型为主；在晚古生代，四射珊瑚迅速发展繁盛，有大量化石留存。泥盆纪的四射珊瑚主要为双带型和泡沫型；石炭纪至二叠纪，泡沫型珊瑚绝灭，三带型珊瑚迅速发展。在二叠纪末，四射珊瑚绝灭，取而代之的是中生代及现生珊瑚主要类群——六射珊瑚（Hexacorallia）和八射珊瑚（Octocorallia），现生珊瑚依然具有较高的多样性（图7-4）。

图7-3 四射珊瑚化石
图片来源：Wilson

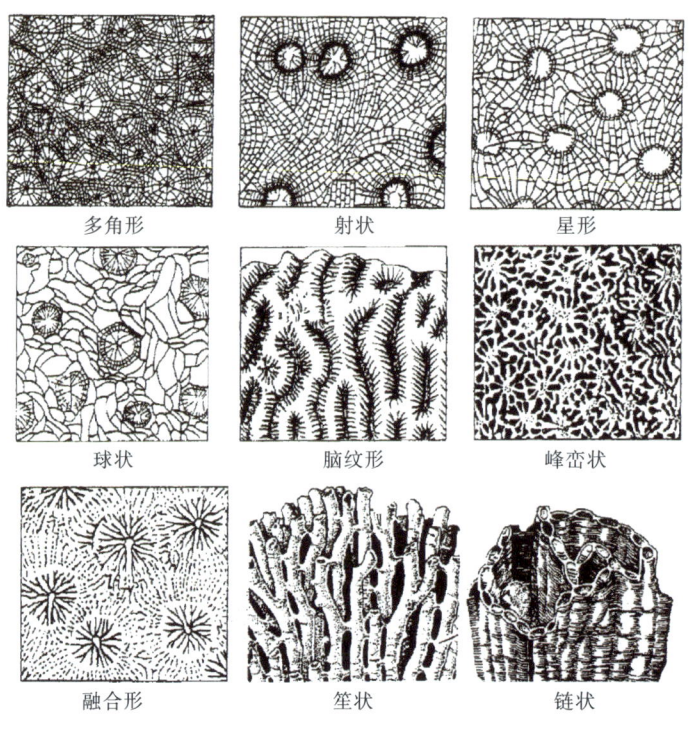

图 7-4 现生珊瑚的多样性
图片来源：Benton and Harper, 2020

7.2.4 头足类

软体动物中的头足类从晚寒武世开始出现，主要包括鹦鹉螺类（Nautiloidea）和菊石类（Ammonoidea）。鹦鹉螺是缝合线简单的类群，出现于晚寒武世，奥陶纪是鹦鹉螺的繁盛期，此时的鹦鹉螺壳体增大；古生代的鹦鹉螺以直壳种类为主，被称为"角石"，巨大的房角石（*Cameroceras*，图 7-5）体长超过 5 m，是古生代最大的无脊椎动物。从志留纪起，鹦鹉螺开始衰落，只有鹦鹉螺科（Nautilidae，图 7-6）一科存续至今。

图 7-5　房角石化石
图片来源：James St. John

图 7-6　现生鹦鹉螺
图片来源：Manuae

菊石最早出现于泥盆纪，在二叠纪末生物大灭绝中受到重创，后又重新繁盛，是中生代海洋中最重要的无脊椎动物类群之一。菊石最终于白垩纪末全部灭绝。

与鹦鹉螺相比，菊石是缝合线复杂的类群。菊石的缝合线形态演化很快，这使得菊石成为中生代重要的标准化石。三叠纪早期，菊石的缝合线以较简单的齿菊石型（ceratitic，图7-7）为主；三叠纪晚期，菊石的缝合线类型主要包括齿菊石型和菊石型（ammonitic）；侏罗纪的菊石则基本完成了向较为复杂的菊石型缝合线的过渡；而白垩纪的菊石缝合线又趋于简单化。

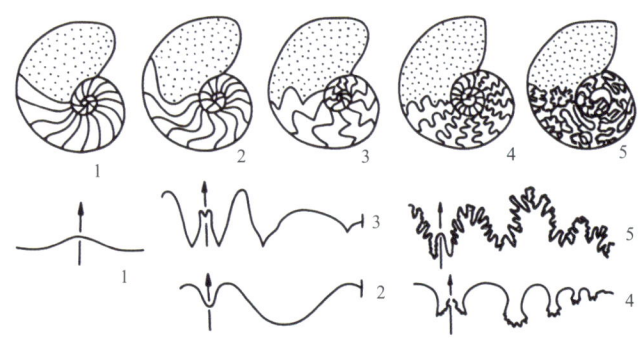

图 7-7 头足类缝合线构造及其类型
1：鹦鹉螺型；2：无棱菊石型；3：棱菊石型；4：齿菊石型；5：菊石型
图片来源：杜远生和童金南，2009

7.2.5 腕足类

腕足类是一类底栖动物，有一对硬壳，与贝类在形态上相似。腕足动物在早寒武世就已出现，以无铰纲（Inarticulata）为主；奥陶纪，有铰纲（Articulata）开始兴盛并迅速多样化；志留纪的腕足类内部结构逐渐复杂化；泥盆纪的腕足类以石燕贝类（Spiriferida，图 7-8）为主，穿孔贝类（Terebratulida）与小嘴贝类（Rhynchonellida）也较多；石炭纪-二叠纪的腕足类中，长身贝类（Dictyoclostus）较为繁盛；二叠纪末，腕足动物大幅衰落，仅有少数物种遗存至今。

图 7-8 古生代腕足动物的代表——石燕贝
图片来源：Wilson

7.2.6 鱼类

早期的鱼类代表是志留纪崛起的无颌类——甲胄鱼类（Ostracodermi）。

鱼类的真正崛起源于颌的出现。有颌类（Gnathostomata）从被动滤食转变为主动捕食，大大提高了对环境的适应能力。

泥盆纪被称为"鱼类时代"，是鱼类辐射演化的黄金期，有颌类分化出了四大类群：盾皮鱼类（Placodermi）、棘鱼类（Acanthodii）、软骨鱼类（Chondrichthyes）和硬骨鱼类（Osteichthyes）。

硬骨鱼类包括肉鳍鱼类（Sarcopterygii）和辐鳍鱼类（Actinopterygii）两大类群，其中肉鳍鱼类最终演化为四足动物（Tetrapoda），而辐鳍鱼类成为现代地球生物圈中鱼类的优势类群。

7.3 植物的演化
The evolution of plants

7.3.1 植物界的概念和组成

现代意义上的植物界指的是由原始色素体生物（Archaeplastida）构成的生物界，包括灰藻、红藻、绿藻、轮藻和有胚植物。

值得注意的是，部分传统意义上的藻类，如甲藻（Pyrrophyta），尽管也含有色素体，但其色素体并非直接来自蓝细菌，而是来自二次内共生（secondary endosymbiosis）事件中吞噬的其他原始色素体生物，因此不被认为是植物界的一员。

有胚植物，又叫高等植物（higher plant），是植物界中非常重要的类群。依据传统的植物分类学，有胚植物包括四个类群：苔藓植物（Bryophyta）、蕨类植物（Pteridophyta）、裸子植物（Gymnospermae）和被子植物（Angiospermae）。

7.3.1.1 苔藓植物

苔藓植物是一类小型的多细胞绿色植物，没有真正的根、茎、叶，假根仅有固着功能。结构简单的种类呈扁平的叶状体，较复杂的种类有类似茎、叶的分化。苔藓植物没有真正的维管组织，植株矮小。

在苔藓植物中，存在世代交替（alternation of generation）现象，单倍体的配子体（gametophyte）在世代交替中占优势，能独立生存，而二倍体的孢子体（sporophyte）寄生在配子体上。苔藓植物有结构特化的雌雄生殖器，雄性生殖器称为精子器（antheridium），而雌性生殖器称为颈卵器（archegonium），受精过程需要水的参与，合子或称受精卵（zygote）形成后在母体内发育成胚（embryo）。这就是有胚植物概念的来源。颈卵器在苔藓植物、蕨类植物和绝大多数裸子植物中均存在，因此这三类植物又被称为颈卵器植物（archegoniatae）。

作为有性生殖产物的孢子体，比作为无性生殖产物的配子体更容易适应不断变化的环境，因此维管植物的演化方向，是孢子体的不断发展。而以配子体独立生存为演化趋势的苔藓植物，发展前途则相对黯淡，在之后并

第 7 章 显生宙生物圈的发展

未发展出更高等的类群,成为植物演化历程中的一个盲枝。但是这并非说苔藓植物走到了演化的尽头,现生苔藓植物有 20 000 余种,遍布世界各地,从现生苔藓植物的多样性和分布广度来看,它们无疑也是植物演化历程中的成功者。

现生苔藓植物包括苔门(Marchantiophyta)、藓门(Bryophyta)和角苔门(Anthocerotophyta)三个主要类群。

7.3.1.2 蕨类植物

蕨类植物开始具有根、茎、叶的分化,并产生了原始的维管束(vascular bundle)。维管束由负责运输水和矿物质的木质部(xylem)与负责运输有机物的韧皮部(phloem)组成,且出现了支撑植物体的机械组织(mechanical tissue),是植物在陆地上直立生长和大型化的必要条件。蕨类植物与裸子植物、被子植物均具有维管束,因此统称为维管植物。

在蕨类植物的世代交替中,孢子体开始占优势。蕨类植物的配子体结构简单,孢子萌发后直接形成原叶体(prothallus),原叶体能独立生活,精子器与颈卵器生长在原叶体的背面。蕨类植物的受精过程依然需要水的参与。由合子发育而成的孢子体相当发达,我们见到的根、茎、叶结构完善的蕨类植物,就是其孢子体阶段。蕨类植物的叶有营养叶(trophyll)和孢子叶(sporophyll)的分化,孢子囊(sporangium)通常生长在孢子叶的叶腋或叶背,内含孢子。

传统意义上的蕨类植物并非一个单系群,而是维管植物排除种子植物后形成的并系群,因此在现代植物分类中,这一概念已不再使用,而被拆分为石松门(Lycopodiophyta)与真蕨类(Polypodiopsida):石松门包括现存的石松、卷柏、水韭等植物，真蕨类则包括真蕨、木贼、瓶尔小草等植物。

7.3.1.3 裸子植物

裸子植物在植物界中的地位介于蕨类植物和被子植物之间，其具有维管束，保留颈卵器，并能产生种子。与单倍体单细胞的孢子不同，种子是由合子发育形成的携带营养的幼小孢子体，充足的营养物质使种子能够在休眠（dormancy）中挺过不良环境，待时机成熟后再萌芽生长，极大提高了裸子植物的适应性。裸子植物和被子植物均依靠种子繁殖，因此统称为种子植物。

裸子植物孢子体发达，为多年生木本，根系发达；配子体退化，完全寄生在孢子体上；颈卵器简化，在百岁兰属（*Welwitschia*）和买麻藤属（*Gnetum*）植物中甚至完全消失。裸子植物的孢子叶聚集成球果状，称为孢子叶球（strobilus），孢子叶球有雌雄分化，小孢子叶球（staminate strobilus）为雄性，产生花粉（pollen）；大孢子叶球（ovulate strobilus）为雌性，胚珠（ovule）位于孢子叶叶腋处，裸露在外。花粉通过风力传播，可以直达胚珠。花粉的出现使得受精作用完全摆脱了对水的依赖，是植物适应陆生生活的重大突破。

现生裸子植物包括苏铁门（Cycadophyta）、银杏门（Ginkgophyta）、松柏门（Pinophyta）、买麻藤门（Gnetophyta）四个主要类群。

7.3.1.4 被子植物

被子植物具有真正的花（flower），花的形态特征多样，适应虫媒、风媒、水媒等不同的传粉方式。由心皮（carpel）构成的雌蕊（pistil）在被子植物中首次出现，胚珠着生于胎座（placenta）上，被子房壁（ovary wall）包裹，形成子房（ovary）结构，子房对胚珠起到了良好的保护作用。被子植物发展出了先进的双受精（double fertilization）方式，两个精子分别与卵细胞和含两个极核（polar nucleus）的中央细胞（central cell）结合，中央细胞后发育成三倍体的胚乳（endosperm）。胚乳是提供营养的结构，提高了植物体的适应性。子房在受精后将发育成果实（fruit），可以保护种子成熟和协助种子散播。被子植物孢子体进一步多样化，而配子体进一步简化，通常雌配子体胚囊（embryo sac）仅7个细胞，雄配子体花粉粒更是只有3个细胞（2个精子和1个营养核）。

被子植物的上述特征使得它们更加适应复杂多变的环境，一举成为地球生物圈中多样性最高、最繁盛的植物类群。目前世界上已知的被子植物有1万多属，约25万种。正是丰富多彩的被子植物，使我们生活的地球变成了一个繁花似锦、生机勃勃的世界。

在了解了植物的主要类群和植物分类学的基本概念后，我们以此为基础，进一步了解植物界的演化历史。

7.3.2 植物的起源

毫无疑问，地球是一颗绿色的星球。从高耸的红杉到微小的硅藻，从多彩的陆地到广阔的海洋，不同的植物分布在地球的各个角落。而这一切，都可以追溯到16亿年前一个小小的细胞，它吞噬了一个蓝细菌，把蓝细菌变成了自己体内的"太阳能发电厂"，从此，原始色素体生物，也就是我们通常所说的植物，一步步发展壮大了起来。

生物圈

顾名思义,原始色素体生物是一类包含色素体(图7-9)的生物。色素体是植物体内不可或缺的一类细胞器,我们最熟悉的用于光合作用的叶绿体,就是色素体的一种;除此之外,色素体还包括有色体(chromoplast)、白色体(leucoplast)等。

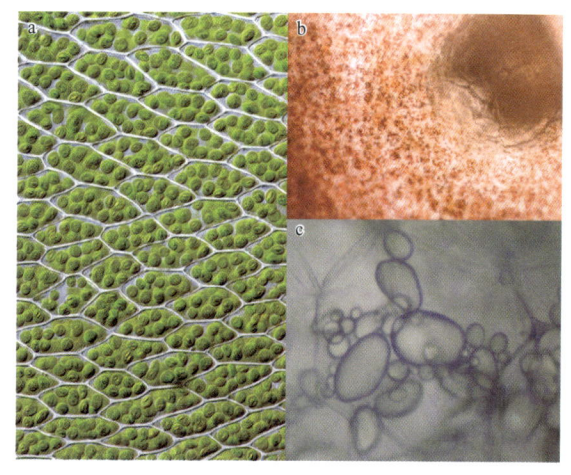

图7-9 植物细胞中的色素体
a. 叶绿体;b. 有色体;c. 白色体
图片来源:a. Des Callaghan;b. Umberto Salvagnin;c. Mnolf

色素体起源于内共生事件。马古利斯提出了内共生假说,以解释真核生物的起源:真核生物起源于多种原核生物的共生,某种体型较大的异养原核生物,即宿主,通过胞吞(endocytosis)将其他原核生物摄入体内,并整合为自己身体的一部分。好氧细菌演化为宿主的线粒体,而光合细菌或蓝细菌演化为宿主的色素体。在这一过程中,细胞器基因组高度缩减,大多转移至宿主的核基因组中。在内共生事件中,原始色素体生物诞生。

最早的原始色素体生物是藻类,包括红藻和绿藻等。绿藻的叶绿体内含有叶绿素,而红藻的叶绿体内含有藻胆素(phycobilin),这种物质使红藻

第7章 显生宙生物圈的发展

呈现红色。加拿大萨默塞特（Somerset）岛上距今 12 亿～10 亿年的中元古界（Mesoproterozoic，MP）硅化石灰岩中，保存有早期真核多细胞藻类化石；在距今更久的约 15 亿年前的地层中，众多疑源类化石也被认为是真核藻类。

• 7.3.3 植物的宏演化阶段

地质历史时期中植物的演化大致可以分为五个阶段：藻类植物阶段、早期维管植物阶段、蕨类和古老裸子植物阶段、裸子植物阶段、被子植物阶段。

7.3.3.1 藻类植物阶段

藻类植物阶段主要指从中元古代原始色素体生物诞生直至志留纪文洛克世（Wenlockian Epoch，距今 4.33 亿～4.27 亿年）这段时间。这一时期的植被以藻类为主，绝大部分植物生活在水中，没有器官的分化。早期的藻类是单细胞藻类，后逐渐演化为丝状藻、叶状藻，这些藻类是重要的造礁生物。藻类与真菌共生形成地衣，可能于 6 亿年前最早登上陆地。

7.3.3.2 早期维管植物阶段

早期维管植物阶段主要指志留纪文洛克世至早泥盆世。这一时期，植物开始由海洋向陆地扩展。最早登上陆地的维管植物包括莱尼蕨类（Rhyniophyta）、裸蕨类（Psilotophyta）和工蕨类（Zosterophyta），这是一批具有最原始的维管系统——原生中柱（protostele），但尚无真正意义的根、茎、叶分化的植物，在滨海的暖湿低地生长。演化程度较高的石松类植物也在志留纪末期至早泥盆世出现了。

7.3.3.3 蕨类和古老裸子植物阶段

蕨类和古老裸子植物阶段主要指晚古生代，特别是晚泥盆世至二叠纪。这一时期，石松类和真蕨类相当繁盛。石松类和真蕨类产生了根、茎、叶的分化，维管组织也复杂化，形成了网状中柱（dictyostele）和管状中柱（siphonostele）等多样化的结构。

最早的裸子植物也在这一时期起源。在泥盆纪的地层中，前裸子植物（progymnosperm，图7-10）开始出现：这些植物具有与裸子植物类似的茎解剖结构，但是繁殖方式与蕨类相同。典型的前裸子植物包括中泥盆世的无脉蕨（*Aneurophyton*）和晚泥盆世的古羊齿（*Archaeopteris*），它们被认为是种子植物的祖先。

7.3.3.4 裸子植物阶段

裸子植物阶段主要指中生代。从古生代晚二叠世开始，干燥的气候使得以裸子植物为主的中生代植物群迅速发展起来；干旱期直到中三叠世结束。到了侏罗纪和白垩纪，裸子植物达到极盛。晚三叠世至中侏罗世气候潮湿，是重要的成煤期，这一时期的地层中有深厚的主要由裸子植物形成的煤层；湿润的气候使得真蕨类也在该时期繁盛，这一事件具有重要的地层和古气候意义。

中生代的优势植物有苏铁、银杏、松柏等。

苏铁由种子蕨演化而来，是现存裸子植物中最古老的类群。现代苏铁常为粗壮矮小的木本植物，而化石类群多为细茎类型。苏铁茎顶端丛状着生大型、坚硬的羽状复叶或单叶，地层中多见其叶的印痕化石，但分类地位难以确定，通常以叶形态建立形态属。常见化石属有侧羽叶（*Pterophyllum*）、尼尔桑（*Nilssonia*）等。

银杏可能直接起源于前裸子植物。现代银杏为高大乔木，典型特征为簇状着生于短枝上的长柄扇形单叶。银杏最早出现于二叠纪，至中生代达到极盛，遍布全球；白垩纪晚期突然衰退，目前仅存一孑遗种，即银杏（*Ginkgo biloba*），野生树种系我国特产，仅分布于浙江天目山。

松柏是现存裸子植物中多样性最高的类群。现代松柏为多分枝的乔灌木，通常具针叶和球果。松柏最早出现于晚石炭世，在中生代全面繁盛，形成大规模的针叶林。代表化石属为苏铁杉（*Podozamites*）等。

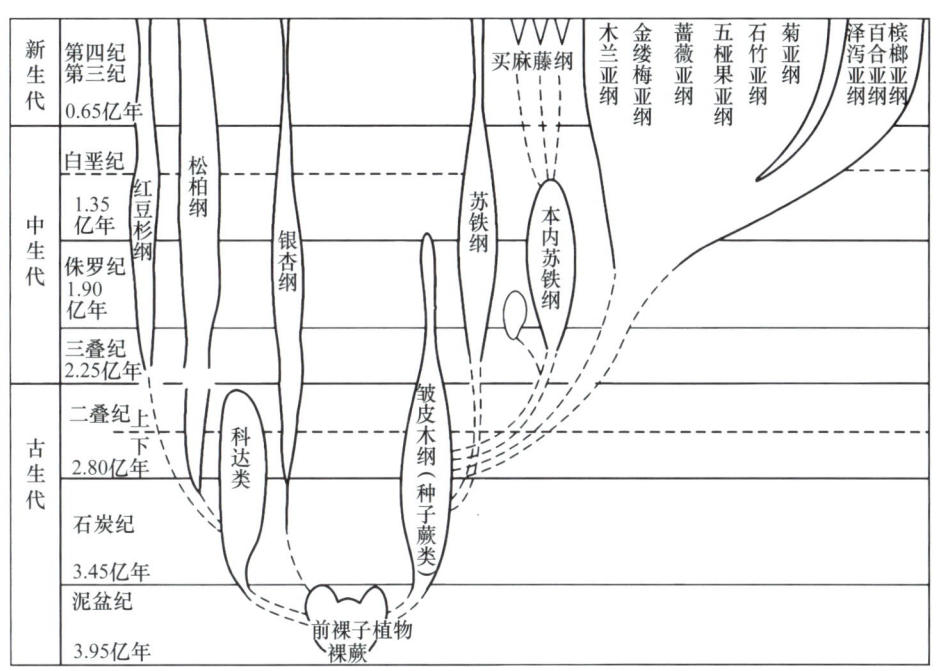

图 7-10　前裸子植物、裸子植物和被子植物可能的演化史
图片来源：马炜梁等，2015

7.3.3.5 被子植物阶段

被子植物阶段主要指新生代。在新生代植物界，被子植物占绝对优势——属种数目和个体数量占到了整个植物界的 80%～90%。

许多学者根据早期被子植物化石，如喙柱始木兰（*Archimagnolia rostrato-stylosa*）、加州洞核（*Onoana california*）和辽宁古果（*Archaefructus liaoningensis*）等发现于早白垩世，推断被子植物起源于白垩纪。

目前，多数学者认为被子植物起源于低纬度热带。低纬度热带地区被子植物化石出现较早，说明被子植物是在低纬度地区首先出现，后向高纬度地区扩散的。但是对于被子植物的具体起源地点，至今仍没有明确的结论。

白垩纪末的第五次生物大灭绝使原本处于绝对优势地位的裸子植物大受打击，为新生代被子植物的繁荣创造了空间。在我国，新生代被子植物的发展有两个重要阶段：古近纪是木本植物大发展的阶段，乔木与灌木繁盛，代表性植物群包括辽宁抚顺植物群和云南景谷植物群等，这些植物群中的木本双子叶植物占到植物总数的 80% 以上；新近纪是草本植物大发展的阶段，植物组合更加复杂，草原生态系统形成，促进了哺乳动物的发展和分化，代表性植物群包括山东山旺植物群和吉林敦化秋梨沟植物群等。

植物的演化是一个长期而复杂的过程，还有许多谜团在等待我们探索。

7.3.4 植物登陆对地表环境的影响

在植物登陆之前，海洋一直是地球生物的唯一家园，陆地上环境恶劣，并不适宜生物的生存，长期以来一片荒芜。植物作为登上陆地的先锋，极

第 7 章 显生宙生物圈的发展

大地改善了陆地环境，丰富了陆地生物多样性，为之后节肢动物和脊椎动物的登陆和演化创造了条件。植物登陆对地表环境的影响是多方面的。

7.3.4.1 陆地碳库的形成与大气成分的改变

陆生植物的出现与繁荣，对大气圈产生了显著影响。绿色植物可以通过光合作用固定二氧化碳，合成有机物，是重要的碳库（carbon pool）。植物登陆后，一方面，生境得到扩展，个体数量增加；另一方面，植物大型化使得植物个体的生物量增大。因此，全球植物总生物量明显扩大，植被碳库储量随之增加。

植被碳库中的有机碳有两种去向：部分有机碳会在分解者的作用下再氧化，转化成二氧化碳回归大气环境；另一部分有机碳则会长期储存于沉积物中，不再氧化，这一过程称为有机碳埋藏。有机碳埋藏使得陆地植被具有强大的碳汇（carbon sink）功能，常用的化石燃料——煤，就是有机碳埋藏的产物。有机碳埋藏发生的场所是在晚古生代相当繁盛的沼泽森林——沼泽湿地的还原环境能够有效抑制有机物的生物氧化。

碳汇功能最为强大的植物是木本维管植物。木本维管植物合成的木质素（lignin）是增强其碳汇功能的重要因素。一方面，木质素增强了木纤维的强度，使得木本维管植物得以大型化，大大提高了其生物量；另一方面，木质素相当稳定，降解速率缓慢，更加利于有机碳埋藏。因此，维管植物群在晚古生代具有强大的聚煤作用，地层中深厚的煤层也可以印证陆生维管植物的繁盛。

在通过成煤等作用沉积有机碳的同时，陆生植物的繁荣也会减少大气中的二氧化碳含量。地球化学研究揭示了显生宙中大气二氧化碳的浓度变化：在距今 4.7 亿～4 亿年期间（中奥陶世至泥盆纪早期）和距今 3.85 亿～3.4

亿年期间（中泥盆世晚期至早石炭世），大气中的二氧化碳浓度都发生了迅速的下降。这一下降过程恰好能够与植物登陆和森林形成的时间对应。可见，植物登陆对大气环境的影响是十分深远的，现在适宜人类生存的大气环境的形成，在某种程度上，就是陆生维管植物的功劳。

7.3.4.2 植物登陆与风化作用

大量研究表明，陆生植物的生理活动会促进地球表面矿物与岩石的风化过程。陆生植物促进风化作用的方式，包括以下几种机制：

(1) 植物根系通过根劈作用对岩石矿物直接进行机械破坏。

(2) 陆生植物根系为进行离子交换，吸收营养物质，释放 H^+；植物呼吸作用使得土壤中的二氧化碳浓度和碳酸含量升高；植物根系分泌有机酸，植物凋落物分解产生更多酸性物质；通过以上过程产生的酸性物质，会促进岩石与矿物的化学分解。

(3) 植物通过蒸腾作用促进水循环，通过根系增强土壤保水能力，通过枝叶遮蔽阳光减少土壤水的直接蒸发，使地表的岩石矿物长期处于湿润环境，促进化学风化过程。

(4) 陆地植物与丛枝菌根真菌（arbuscular mycorrhizal fungi）共生，丛枝菌根真菌通过其分泌物改变土壤微环境，加速矿物溶解。

总而言之，陆生植物对地表岩石和矿物的风化过程有着显著的促进作用。陆生植物参与的生物风化作用不仅为沉积过程提供了物质基础，而且促进了土壤的形成，进一步改善了陆地环境。植物对风化作用的增强也会改变大气环境——部分地质学家认为非维管植物的繁盛对生物风化作用的增强效应也是不容忽视的，上面提到的晚奥陶世大气中二氧化碳浓度的大幅下降可能就是原始植物促进风化作用造成的间接影响,并最终导致了奥陶纪末大冰期的出现。

通过上述讨论,我们可以了解到,植物的登陆不仅是一次生物演化上的创举,而且是一件全球性的环境事件。植物登陆对地球大气圈、水圈、岩石圈和生物圈各个圈层都带来了全方位而深远的影响。作为地球上的探索者,我们能够深深体会到,地球是一个各个圈层之间有着紧密联系的复杂系统,从地球诞生到现在,这种联系一直推动着地球的演化,最终把地球塑造成了适宜我们生存的家园。

7.4 动物登陆及在陆地上的演化
Animal landing and the evolution on land

植物的登陆改造了陆地环境,为动物走向陆地创造了良好的条件。从志留纪开始,节肢动物与脊椎动物陆续登陆,陆地生态系统在这一过程中不断完善和发展。

• 7.4.1 节肢动物登陆

最早登上陆地的动物,是无脊椎动物中的节肢动物。早在4.2亿年前的志留纪,马陆就登上了陆地。昆虫是非常适应陆地生活的无脊椎动物类群,

生物圈

它们在泥盆纪诞生并迅速辐射演化，成为唯一征服天空的无脊椎动物；它们历经多次生物大灭绝而不衰，最终成为现代地球生物圈中非常繁盛、多样性很高的类群之一。

1. 最早的陆地节肢动物

最早的节肢动物登陆痕迹（图 7-11）产生于约 4.9 亿年前的寒武纪末期至早奥陶世，位于海边沙滩固结而成的砂岩表面。这些痕迹可能是海生节肢动物偶然登上陆地留下的，并不能代表节肢动物的真正登陆——当时的陆地环境十分恶劣，并不适宜动物的生存。真正的节肢动物登陆发生在志留纪末至泥盆纪早期，最早登陆的节肢动物以呼气虫（*Pneumodesmus*，图 7-12）为代表。

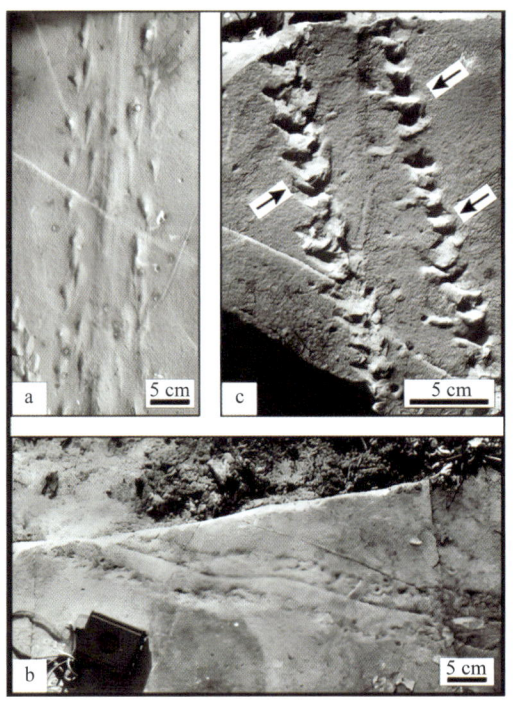

图 7-11 最早的节肢动物登陆痕迹
图片来源：MacNaughton et al., 2002

呼气虫是一种古老的马陆，生活在4.2亿年前。呼气虫的表皮上有类似气门（spiracle）的结构，说明它们产生了原始的气管系统（tracheal system）。这种呼吸系统只有在空气中才能有效获取氧气，因此呼气虫被认为是真正的陆栖无脊椎动物，也是最早的陆生动物。在泥盆纪，蝎子、蜈蚣、蜘蛛和昆虫也登上了陆地，陆地生态系统逐渐丰富了起来。

图 7-12　呼气虫复原图
图片来源：Matteo De Stefano

2. 昆虫的演化

昆虫起源于泥盆纪，是地球上演化最成功的动物类群之一。昆虫有着超过4亿年的演化历史，多样性极为丰富，已描述的种类超过100万种，占据了陆地、水域和天空中的众多生态位，对陆地生态系统产生了重要的影响。

在了解昆虫的演化之前，我们首先需要了解一些昆虫的基础知识。

昆虫指属于节肢动物门六足总纲昆虫纲（Insecta）的动物，有时也包括六足总纲下的弹尾纲（Collembola）、原尾纲（Protura）和双尾纲（Diplura）。昆虫身体分为头部（head）、胸部（thorax）、腹部（abdomen）三个部分，胸部分为三节，每节生有一对足，绝大部分昆虫的中胸和后胸各生有一对翅。昆虫头部有一对触角（antenna），一对复眼（compound eye），通常还有数个单眼（ocellus）。昆虫拥有几丁质的外骨骼，可以保护内部器官，并有效减少体内水分的蒸发。

生物圈

昆虫在发育过程中会发生变态（metamorphosis），这是昆虫的一个重要特征，即从卵到成虫的发育过程中，昆虫会经历一系列形态和结构的改变。常见的变态类型包括：渐变态（paurometamorphosis），一种较为原始的变态类型，经历卵、若虫（nymph）和成虫三个阶段，若虫与成虫形态相似，无蛹期，如蝗虫；全变态（complete metamorphosis），较为演化的变态类型，经历卵、幼虫（larva）、蛹（pupa）和成虫四个阶段，幼虫与成虫差异较大，如蝴蝶。

六足总纲的起源有三种假说：多足亚门起源说、甲壳亚门起源说和三叶虫亚门起源说。分子生物学证据显示，六足总纲与甲壳类亲缘关系更近；而在六足总纲下，昆虫纲是双尾纲的姊妹群。虽然最早的昆虫化石发现于泥盆纪，但昆虫的真正起源时间可能更早。根据早期昆虫化石的发现地点推测，最早的昆虫大致起源于靠近赤道的热带地区。

昆虫是最早征服天空的动物，有翅昆虫至少在石炭纪中期（距今3.30亿～3.23亿年），甚至可能在泥盆纪早期就已经出现，至少比翼龙早1亿年，比鸟类早接近2亿年。翅的发展使昆虫拓展了生存空间，增强了躲避敌害的能力，促进了昆虫的进一步辐射演化。

关于昆虫翅的起源，真相至今未知，有两个学说目前传播较为广泛。

气管鳃（tracheal gill）起源说认为，昆虫的祖先是水生的，用气管鳃呼吸，之后水生昆虫演化为陆生，气管鳃废弃不用，胸部的气管鳃逐渐演变为翅。这一学说存在巨大的疑点，因为最原始的昆虫是陆生的，且水生昆虫的气管鳃和翅结构差异很大，二者并不同源。

侧背叶（paranotum）起源说认为，昆虫的翅由侧背叶演化而来。侧背叶由胸部背板向两侧扩展形成，最初的作用是保护身体两侧和附肢；随着侧背叶不断增大，昆虫逐渐具备了滑翔能力；后来，侧背叶的基部演化形成关节，昆虫开始能够控制侧背叶的运动，继而在空中飞行，原始的翅就此产生。这一学说目前被学界广泛认可，因为部分早期昆虫的胸部的确有侧背叶存在，如古网翅目（Palaeodictyoptera，图7-13）昆虫的前胸处，就有侧背叶生长。

图7-13　石炭纪的早期有翅昆虫，属于古网翅目
图片来源：张海春等，2015

昆虫最早的翅仅能上下扇动，平展在身体两侧，与身体几乎垂直，不能折叠。具有这类翅的昆虫被称为古翅类（Palaeoptera），古网翅目昆虫，以及现生的蜻蜓、蜉蝣，均属于古翅类。石炭纪中期，昆虫演化出了可折叠的翅，可折叠的翅使得昆虫的行动更加灵活，可以在土壤中、植物体内甚至水中生活。具有可折叠翅的昆虫称为新翅类（Neoptera），到二叠纪，新翅类昆虫迅速发展，如今地球上绝大多数种类的昆虫，都属于新翅类。

石炭纪晚期至二叠纪早期，大气中氧含量相当高，高氧环境使得昆虫体型明显增大，地球迎来了一个"巨虫时代"。古网翅目昆虫的最大翅展可达43 cm，而二叠纪早期的二叠拟巨脉蜓（*Meganeuropsis permiana*）翅展可达 71 cm，是地球历史上已知最大的昆虫。但巨型昆虫在之后逐渐消亡，可能与大气氧浓度的降低和翼龙等飞行捕食者的出现有关。这一时期，全变态昆虫也逐渐演化形成，全变态进一步提高了昆虫对环境的适应能力。全变态昆虫在中生代逐渐繁盛，并持续至今。

7.4.2 脊椎动物登陆——四足类起源

在 3.7 亿年前的晚泥盆世，一只鱼石螈艰难地爬上了陆地，从此，动物演化开启了一个新的时代——陆地脊椎动物的繁盛。

7.4.2.1 认识脊椎动物

脊椎动物是动物界最复杂、演化程度最高的类群。顾名思义，脊椎动物是具有椎骨（vertebra）的动物，包括鱼类、两栖类、爬行类、鸟类和哺乳类；其中，两栖类、爬行类、鸟类和哺乳类均可以适应陆地生活。现生脊椎动物有接近 6 万种，具有相当高的多样性，在各类生态系统中都可以看到脊椎动物的身影。

1. 脊椎动物的特征

脊椎动物与无脊椎动物有许多区别，最主要的区别包括三大特征：脊索（notochord）、背神经管（dorsal nerve cord）和鳃裂（gill slit）。

（1）脊索：所有脊椎动物背侧均具有一条脊索，位于背神经管与消化道之间。脊索既有弹性又有硬度，强化了对躯体的支撑和保护功能，是动物演化史上的一次重大飞跃。绝大多数脊椎动物的脊索仅在胚胎期存在，后被脊柱（vertebral column）取代。

(2) 背神经管：无脊椎动物的腹神经索（ventral nerve cord）在脊椎动物中被背神经管取代。背神经管来源于外胚层的下陷，是脊椎动物的中枢神经系统；背神经管的前后部分别分化为脑（brain）和脊髓（spinal cord），促进了神经系统的发展和扩大。

(3) 鳃裂：脊椎动物在消化道的咽部有一系列成对排列、数目不等的裂孔，称为鳃裂。鱼类的鳃裂终生存在，演变为用于呼吸的鳃，陆生脊椎动物仅在胚胎期或幼体期具有鳃裂，成体的鳃裂完全消失。

此外，脊椎动物还普遍具有肛后尾（post-anal tail）、心脏腹位、闭管型循环系统等特征。部分脊椎动物的特征，如三胚层、身体分节与后口等，无脊椎动物也同样具备。这些共同特征说明，脊椎动物由无脊椎动物演化而来。

2. 脊椎动物的起源

脊椎动物是如何起源的？长期以来，生物学家的共识是，与脊椎动物形态和结构相似的头索动物与脊椎动物亲缘关系最近。但是，近年来的分子生物学证据表明，尾索动物与脊椎动物在演化上的联系更为密切。这一发现复活了英国生物学家加斯唐（N. Garstang）于1928年提出的幼态演化假说。

幼态演化假说认为，脊椎动物的祖先与海鞘相似，是一类营底栖固着生活的动物。这种动物在之后的演化中产生了可以自由游泳的"蝌蚪幼体"阶段，类似于现在的海鞘幼体。部分"蝌蚪幼体"在演化过程中逐渐产生了生殖能力，于是营固着生活的成体被抛弃，具生殖功能的幼体不再变态，逐渐演化成脊椎动物；而另一部分幼体依然完成变态发育，保留了完整的生活史，最终演变为现在的尾索动物海鞘。头索动物文昌鱼则是这一祖先在初期演化过程中产生的一个侧枝。

7.4.2.2 肉鳍鱼类登陆

与陆生脊椎动物亲缘关系最近的鱼类是肉鳍鱼类（图7-14）。肉鳍鱼类在动物树上位于从鱼到人的演化主干，所有四足动物都由肉鳍鱼类衍生而来。换言之，肉鳍鱼类是四足动物，包括人类的共同祖先。因此，肉鳍鱼类的演化备受生物学家关注，其登陆过程更是古生物学研究中的一大热点。

1. 什么是肉鳍鱼类？

肉鳍鱼类是硬骨鱼类的一个演化支，鳍中具有中轴骨和肌肉组织。肉鳍鱼类主要包括三大类群：腔棘鱼类（Coelacanthimorpha）、肺鱼形类（Dipnomorpha）和四足形类（Tetrapodomorpha）。

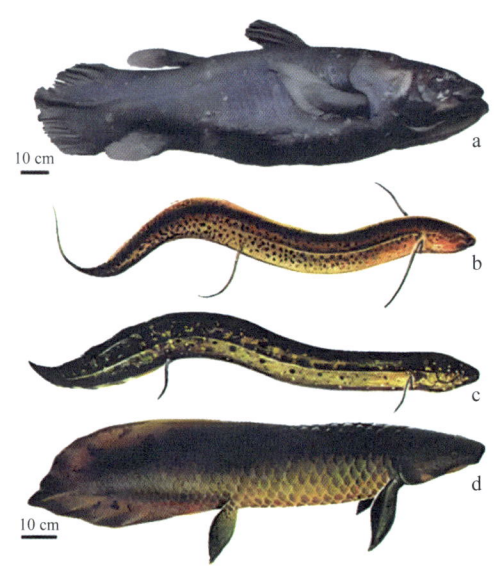

图7-14 现生肉鳍鱼类
a.腔棘鱼类的代表——拉蒂迈鱼（*Latimeria*）；
b.南美肺鱼；c.非洲肺鱼；d.澳洲肺鱼
图片来源：朱敏等，2015

(1) 腔棘鱼类：脊索发达，无椎体，头下有一块喉板；偶鳍基部具有多节的中轴骨和肌肉；无内鼻孔，鳔（swim bladder）退化。腔棘鱼类起源于早泥盆世，曾被认为至晚白垩世绝灭。1938年，一条奇怪大鱼的标本被东伦敦博物馆的馆员拉蒂迈发现，这就是后来被命名的拉蒂迈鱼。拉蒂迈鱼是腔棘鱼类的唯一现生种，形态与化石类群几乎没有区别，被称为"活化石"。

(2) 肺鱼形类：脊索发达，无椎体；有通向口腔的内鼻孔，鳔发达，有鳔管与食管相通，鳔内有丰富的血管，可执行肺的功能。肺鱼起源于早泥盆世，在石炭纪比较繁盛，此后便不断衰落，至今仅保留3属。肺鱼在池塘干涸时能够上岸寻找新的水源或通过夏眠（aestivation）挺过不良环境。

(3) 四足形类：包括人类在内的所有四足动物均起源于3.7亿年前尝试登陆的肉鳍鱼类，这一类群被统称为四足形类。除传统意义上的四足动物外，四足形类还包括一些生活在水中的鱼形化石类群，如发现于我国云南早泥盆世地层中的东生鱼（*Tungsenia*）和发现于苏格兰中泥盆世地层中的骨鳞鱼（*Osteolepis*，图7-15）。

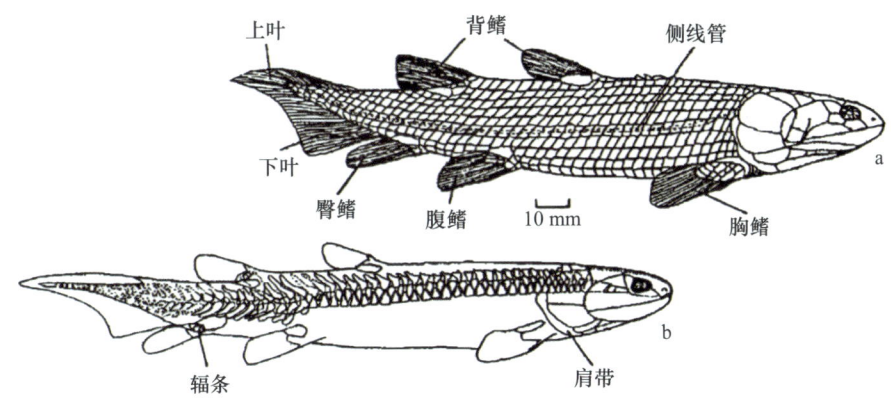

图7-15　骨鳞鱼外形（a）及骨骼（b）示意图（侧视）
图片来源：Benton，2017

2. 水陆环境的差异与陆地栖息的难题

陆地环境与水环境之间存在巨大的差异，为试图登上陆地的动物带来了众多难题。肉鳍鱼类登陆的过程，就是在演化中形态结构不断改变，以适应陆地环境，克服生存难题的过程。

动物在登陆的过程中面临的主要难题包括以下方面：

(1) 水的密度比空气大很多，与动物体的密度大致相等。会游泳的朋友可能对这一点深有体会：人在水中可以轻松地浮起来。由于浮力的存在，水生动物并不需要特殊的结构支撑躯体，而陆生动物则面临着支撑躯体并完成运动的难题。

(2) 空气中的含氧量比水充足，能够支持更高的代谢水平，但是鱼类的鳃并不适合在空气中呼吸，陆生动物的呼吸系统更加适应陆地环境。

(3) 水具有相当大的比热容，因此水环境中温度较为恒定。而陆地环境的温度存在剧烈的周期性变化，这对陆生动物的体温调节系统带来了较高的要求。

(4) 空气的传声效率差，鱼类的侧线系统（lateral line system）在陆地上也失去了作用，陆生动物需要发展出适应陆生生活的感觉器官。

此外，陆生动物还面临着在陆地上繁殖的需求，以及我们老生常谈的，防止水分蒸发，保持水平衡的问题。那么，最初登上陆地的肉鳍鱼类是如何适应陆地生活的呢？

3. 肉鳍鱼类登陆的过程

肉鳍鱼类的登陆时间是3.7亿年前的晚泥盆世，这一时期，真正的四足动物已经出现，即棘螈（*Acanthostega*）和鱼石螈（*Ichthyostega*）等。鱼石螈最早在1929年发现于格陵兰岛的晚泥盆世地层中，后在全球各地均有发现；棘螈则于1952年，同样在格陵兰岛被发现。棘螈和鱼石螈对水的依赖性依然相当强，但是它们已经拥有了指（趾）骨（图7-16），这是四足动物的关键特征。

图7-16 保存于莫斯科古生物博物馆的鱼石螈骨骼，可以清晰地看到其指（趾）骨结构
图片来源：Oleg Tarabanov

在从鱼形向四足动物演化的过程中，动物诞生了许多适应陆地生活的特征：

(1) 支撑与运动——骨骼的变化。鱼类的脊柱主要适应游泳过程中的伸展和弯曲，而四足动物的脊柱为适应空气的低密度发生了强化——这样一来，才能克服重力，保证其躯体不会从四肢间下垂。

陆生动物无法像鱼类那样在水中依靠躯体摆动游泳，而是需要依靠四肢的往复运动爬行。于是，指（趾）骨在演化中出现了，增大了四肢与地面的接触面积，增强了支撑力。初期的四足动物有多个指（趾），后逐渐演变为五指（趾）；四肢的骨骼也逐渐增长，关节的存在使其能够灵活运动。

生物圈

五趾型附肢（pentadactyle limb）的出现，是脊椎动物演化过程中的重大突破。

在从鱼形向四足动物的演化过程中，连接中轴骨和附肢骨的肩带（shoulder girdle）与腰带（pelvic girdle）也发生了变化。肩带与头骨分离，使得四足动物的运动不必再依靠头部的摆动；而腰带扩大并附着在脊柱上，使得支撑能力大大提升。

(2) 呼吸——肺的形成。四足动物在陆地上的呼吸需要依靠肺。肺由许多细小的肺泡（pulmonary alveolus）组成，肺泡周围布满血管。氧气由外界进入肺，再经过湿润的肺泡壁进入血液。鳔是肺的同源器官，部分鱼类已经可以用鳔辅助呼吸。

四足动物要在陆地上呼吸，还需要与呼吸道相连的内鼻孔。鱼类已经存在鼻孔，但是鱼类的鼻孔仅连接嗅囊，并不与口腔或咽相连，因此只有嗅觉功能，无法用于呼吸。而四足动物产生了内鼻孔，连接了鼻腔和咽腔，使得空气能够通过鼻孔进入肺。

最初，四足动物的呼吸方式是颊泵呼吸（buccal pumping），先将空气吸入嘴中，再通过抬高口腔底部将空气压入肺中；较为高等的四足动物则采用肋式呼吸（costal ventilation），即通过肋骨和肋间肌的伸缩驱动气体交换。

(3) 感觉器的演化——听小骨（auditory ossicle）的出现。空气对声音的传播能力弱于水。因此四足动物演化产生了鼓膜（tympanic membrane）和听小骨，以放大空气中的微弱声波。听小骨中最重要的是镫骨（stapes），它是由鱼类的舌颌骨（hyomandibular bone）演变而来的。不过，在早期的四足动物中，镫骨还很粗壮，因此传声功能很弱，无法听到高频声音。

4. 肉鳍鱼类为何登陆？

从以上内容中我们可以得知，肉鳍鱼类的登陆面临重重困难，在登陆过程中，肉鳍鱼类的形态和结构发生了巨大改变，演变为原始的四足类，以适应复杂的陆地环境。那么，肉鳍鱼类为什么在重重困难下，依旧要登陆呢？

经典的理论认为，鱼类之所以演化出登陆的能力，是为了在季节性干旱中寻找适宜生存的水源地。但是新的研究表明，泥盆纪的四足类大多依然生活在水中，真正的陆生脊椎动物，可能直到石炭纪才出现。因此，古生物学家提出了更合理的解释：在植物与无脊椎动物登陆后，陆地环境剧变，产生了新的食物来源和生态位，鱼类的登陆更有可能是为了探索陆地上新的生存空间。石炭纪后，陆地上的三大优势类群——维管植物、无脊椎动物和脊椎动物均已完成登陆过程，在之后的3亿多年中，陆地为它们提供了新的演化舞台。

7.4.2.3 脊椎动物对陆地环境的进一步适应

脊椎动物登陆后，仍在持续向着适应陆地环境的方向演化。爬行动物中羊膜卵的出现，以及鸟类和哺乳动物中恒定体温的出现，均反映了脊椎动物对陆地环境的进一步适应。

1. 羊膜卵的出现

最初的四足类尽管已经能够在陆地生活，但是它们的繁殖依然离不开水。各位读者可以参考一下现生两栖动物，如蛙的生殖方式：它们需要将卵产在水中，卵在发育过程中还需经历一个水生的幼体阶段，无法完全脱离水体生活。但是在石炭纪末，最早的爬行动物——林蜥（*Hylonomus*）和古窗龙（*Paleothyris*）出现了，它们可以产有硬壳的羊膜卵（图7-17）。羊膜卵的诞生相当于为爬行动物的胚胎在陆地上准备了一个小小的池塘，从此，脊椎动物的繁殖不再依靠水，成了真正的陆生动物。自羊膜卵诞生后的动物演化支称为羊膜动物（amniote），包括产羊膜卵的爬行类和鸟类，以及胎生的哺乳动物。

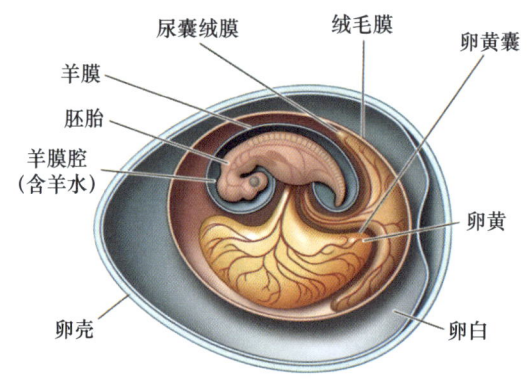

图7-17 羊膜卵的结构
图片来源：Benton，2017

羊膜卵有钙质或革质的外壳，可以进行气体交换，壳内的水分却不会流失或蒸发。壳内有包裹胚胎的膜：绒毛膜（chorion）包裹着胚胎和卵黄，羊膜（amnion）包裹着胚胎，二者起着保护胚胎和进行气体交换的作用；尿囊绒膜（chorioallantoic membrane）形成尿囊，参与呼吸并储存废物。羊膜卵内有足够的水和营养物质保证胚胎能在陆地环境顺利成长，而这使得产卵成本增加了。为了提高卵的受精率，羊膜动物进行内部受精（internal fertilization）。

2. 恒温的意义

根据古生物学家的推测，一些恐龙已经具有了维持体温恒定的能力，它们依靠庞大的体型，可以自然地维持体温的恒定，称为巨温性（gigantothermy），但是这并非真正的恒温。部分小型恐龙，以及鸟类和哺乳类是真正的恒温动物，拥有通过代谢释放热能，维持自身体温在恒定状态的能力，这称为内温性（endothermy）。

恒温动物能够保持高而恒定的体温，使体内的代谢环境稳定，生化反应保持较高且适宜的速率；这也使得神经和肌肉细胞可以保持较高的活力，对外界的感受和反应灵敏而持久，因此恒温动物能够高速运动，增强了其捕食与逃避敌害的能力。恒温也减少了动物对外界环境的依赖性，使动物能够在夜间和寒冷地区生活，扩大了动物的活动范围，使得它们能够占领更多的生态位。因此，鸟类和哺乳类成为非常成功的陆生动物，并繁盛至今。不过，恒温动物需要的能量也大大增加，这也是部分小型恒温动物，如鼩鼱必须持续进食的原因。

7.4.3 恐龙的演化

在脊椎动物的演化中，恐龙的演化非常引人瞩目。恐龙是古生物中的明星类群，不仅被古生物学家研究，也被普通民众所熟知。不过，大多数人可能并不能准确地定义恐龙。分类学意义上的恐龙，究竟是什么呢？

1.恐龙的分类

根据分支分类学，恐龙是指恐怖三角龙（*Triceratops horridus*）、卡内基梁龙（*Diplodocus carnegii*）和家麻雀（*Passer domesticus*）的最近共同祖先，以及这一共同祖先的全部后裔。这可能与大众认知中的恐龙有些偏差——依然活跃在现代生物圈中的鸟类属于恐龙，而经常被认为是恐龙的翼龙、鱼龙、蛇颈龙、沧龙等，则并不是恐龙。

恐龙（图7-18）起源于在三叠纪兴盛起来的主龙类（Archosauria）。主龙类在演化中形成了两个重要支系，一支是镶嵌踝类（Crurotarsi），现生的鳄（Crocodilia）起源于此；另一支是鸟颈类（Avemetatarsalia），包括翼龙型类（Pterosauromorpha）和恐龙型类（Dinosauromorpha），我们说的恐龙，便是恐龙型类的一个分支——恐龙总目（Dinosauria）。

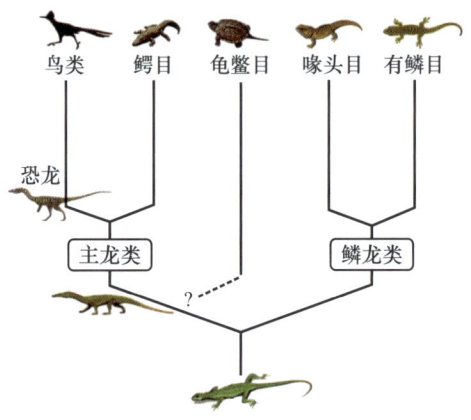

图7-18 恐龙在蜥形纲大家族中的演化位置
图片来源：徐星，2018

最早的恐龙型类起源于三叠纪，大小如同小狗，且数量很少，包括兔蜥（Lagerpetidae）、西里龙（Silesauridae）、马拉鳄龙（*Marasuchus*）等。真正意义上的恐龙出现于2.3亿年前，在出现后迅速分化，形成了两大类群：骨盆结构类似蜥蜴的蜥臀类（Saurischia，图7-19）和骨盆结构类似鸟类的鸟臀类（Ornithischia）。蜥臀类又包括蜥脚型类（Sauropodomorpha）和兽脚类（Theropoda）。其中，鸟臀类和蜥脚型类恐龙多为植食性，而兽脚类恐龙多为肉食性。

第 7 章　显生宙生物圈的发展

图 7-19　蜥臀类代表动物暴龙（a）、鸟臀类代表动物埃德蒙顿龙（b）的骨盆及其结构示意图（c.蜥臀类，d.鸟臀类）
图片来源：Benton，2017

三叠纪末，恐龙开始成为地球的主宰。这一时期的恐龙体型较小，没有太多特化现象，典型类群包括兽脚类的腔骨龙（*Coelophysis*）、蜥脚型类的始盗龙（*Eoraptor*）和鸟臀类的异齿龙（Heterodontosauridae）等。

2.恐龙的多样化与大型化

侏罗纪和白垩纪是恐龙最为繁盛的时期。这一时期，恐龙在外部形态、运动方式、取食行为等方面都呈现出多样化，在体型方面则逐渐大型化，物种多样性持续增加，在白垩纪更是达到了演化的顶峰。

鸟臀类恐龙分化产生了 5 个主要类群（图 7-20）：背部有剑板的剑龙类（Stegosauria）、身披骨甲的甲龙类（Ankylosauria）、用强壮的后肢奔走的鸟脚类（Ornithopoda）、头部明显增厚且有棘刺的肿头龙类（Pachycephalosauria）、头部有角和颈盾的角龙类（Ceratopsia）。鸟臀类恐龙均为植食性,在演化过程中产生了大量与陆地植被变化相适应的特征,其中,鸟脚类和角龙类的演化特征最为明显。

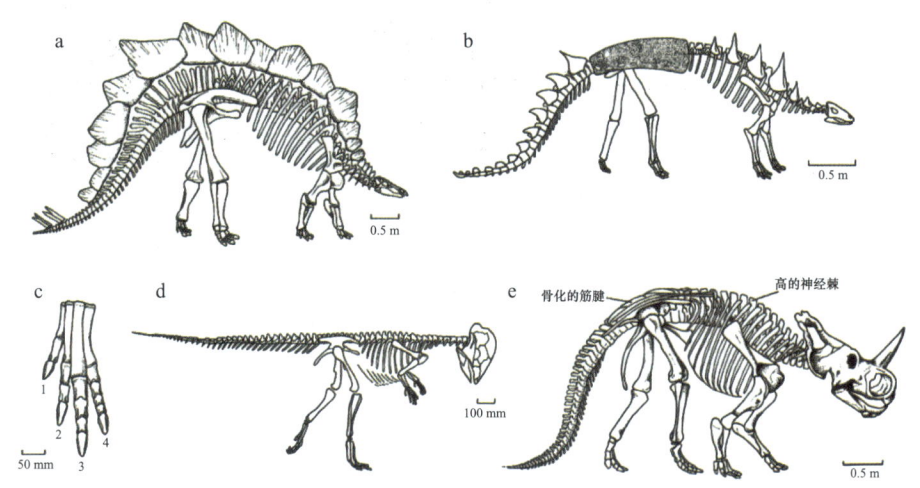

图 7-20　不同类群鸟臀类恐龙的骨骼
a. 剑龙类;b. 甲龙类;c. 鸟脚类(脚);d. 肿头龙类;e. 角龙类
图片来源:Benton,2017

鸟脚类和角龙类在白垩纪均演化出了体型巨大的类型。在鸟脚类中,白垩纪晚期的山东龙(*Shantungosaurus*)体长可达 19 m,重达 23 t,而角龙类的三角龙(*Triceratops*)体长可达 10 m,重达 16 t。鸟脚类的鸭嘴龙(Hadrosauridae)嘴部扁平,有 2000 多颗牙齿;角龙类也出现了牙齿形态复杂化的现象,这可能使它们更容易取食当时的陆地植被。

在白垩纪早期,兽脚类恐龙也开始大型化。半水生的棘龙(*Spinosaurus*)体长可达 18 m,是大型肉食性恐龙,有类似鳄鱼的嘴和强壮的爪,适应捕鱼;霸王龙(*Tyrannosaurus rex*)体长可达 13 m,是白垩纪晚期的顶级捕食者。但是,中生代的大多数食肉恐龙依旧是灵活的中小型恐龙,也有部分兽脚类恐龙产生了次生植食性，比如晚侏罗世的泥潭龙（*Limusaurus*）。

而蜥脚型类恐龙早在侏罗纪就开始大型化，成为体型巨大的陆地动物，比较著名的有体长 35 m、生活在侏罗纪晚期的马门溪龙（*Mamenchisaurus*，图 7-21）。白垩纪的蜥脚型类恐龙较侏罗纪而言没有那么繁盛，这可能与大型鸟臀类恐龙带来的竞争压力有关。

图 7-21　马门溪龙的骨骼化石
图片来源：Funk Monk

3. 鸟类的起源与非鸟恐龙的灭绝

鸟类的起源是恐龙演化史上非常重要的事件。鸟类是一类高度特化的脊椎动物，有许多适应飞行的特征，如前肢变为翼、胸肌发达、长骨中空、呼吸方式为双重呼吸等。现代的主流学说认为，鸟类起源于兽脚类恐龙，并经历了一段漫长的演化历史，许多鸟类特有的特征在演化过程中会集中出现。

在白垩纪末的第五次生物大灭绝中，非鸟恐龙全部灭绝。关于这一部分内容，我们将在第 8 章详细讨论。

7.4.4 哺乳动物的演化

哺乳动物占据了地球的各个生态领域，其重要的演化事件包括：古近纪早期古有蹄类与肉齿类（Creodonta）的演化，古近纪中晚期奇蹄目（Perissodactyla）和食肉目（Carnivora）的发展，新近纪偶蹄目（Artiodactyla）和长鼻目（Proboscidea）的繁盛，以及第四纪人类的起源。

哺乳动物起源于三叠纪，由爬行动物中的兽孔类（Therapsida）演化而来；犬齿兽（Cynodontia）在三叠纪中晚期已经具有了大量哺乳动物的特征。最早的可靠哺乳型动物化石是侏罗纪早期的摩根齿兽（Morganucodonta），哺乳动物冠群也在这一时期出现；而真正的有胎盘类则在白垩纪晚期或古近纪早期起源。白垩纪末的第五次生物大灭绝后，产生了许多生态位空缺，哺乳动物开始了迅速的辐射演化。

7.4.4.1 古有蹄类与肉齿类的演化

古近纪早期的重要哺乳动物类群包括植食性的古有蹄类和捕食性的肉齿类，它们均起源于原始的食虫类祖先，二者是古新世食物链的主要构成。

古有蹄类有蹄，个体较小，牙齿原始，四肢粗短笨拙，主要包括踝节目（Condylarthra）和钝脚目（Amblypoda）。踝节目是现生奇蹄目和偶蹄目的祖先，代表动物为原蹄兽（*Phenacodus*）；钝脚目身体向大型化方向发展，有犬齿，代表动物为阶齿兽（*Bemalambda*）和尤因他兽（*Uintatherium*）。

肉齿类具爪，牙齿原始，四肢粗短，追击和捕杀能力较弱，代表动物为古鬣齿兽（*Hyaenodon*）。

7.4.4.2 奇蹄目和食肉目的发展

古近纪中晚期，较为进步的有蹄类（奇蹄目、偶蹄目）和食肉目动物高度发展，取代了较为原始的古有蹄类和肉齿类。

奇蹄目是新生代食草动物的重要类群，其特征是具有单数的趾。起源于始新世的始祖马（*Hyracotherium*）是非常原始的奇蹄目动物。古近纪中晚期是奇蹄目的极盛时期，奇蹄目分化出多个类群，包括马、雷兽（Brontotheriidae）、爪兽（Chalicotheriidae）、犀等；但是渐新世末，奇蹄目逐渐衰退，雷兽、爪兽、两栖犀（Amynodontidae）等大部分类群灭绝，而马等适应演化相当成功的动物一直生存到现在。马的演化证据保存完整，是奇蹄目演化的代表，其演化方向主要包括体型增大、侧趾退化、中趾加强、牙齿形态复杂化等。

食肉目起源于始新世，自始新世晚期直至现在一直是生物圈的优势类群。食肉目在演化过程中分出了两个演化支：犬型类（Caniformia）和猫型类（Feliformia）。犬型类包括现生的狼、熊、鼬等，而猫型类包括现生的猫、灵猫、鬣狗等。犬型类的一支在中新世演化出像鳍一样的脚，重新回到海洋，即海豹、海象等所属的鳍足类（Pinnipedia）。

7.4.4.3 偶蹄目和长鼻目的繁盛

偶蹄目动物的四肢均具有偶数的趾；同奇蹄目一样，这一类群也在始新世兴起。最早的偶蹄目动物为古偶蹄兽（*Diacodexis*）。偶蹄目繁盛于奇蹄目之后，新近纪是偶蹄目繁盛且迅速分化的时期，偶蹄目动物产生了反刍（rumination）的能力，使其能利用质量较低的食料，提高了对环境的适应能力。鼷鹿（Tragulidae）是非常原始的反刍类，而鹿、骆驼和长颈鹿则起源更晚；牛科（Bovidae）起源于中新世，是现代生物圈中极具优势的偶蹄类，包括牛、羊、羚羊等类群。

最早的长鼻目，即象早在始新世就已经出现。5500万年前的磷灰兽（Phosphatherium）体重仅有十几千克；新近纪的长鼻目向着躯体增大、鼻部伸长和第二门齿增长的方向演化，产生了恐象科（Deinotheriidae）和象科（Elephantidae）两个主要分支。恐象类由于不适应环境，在更新世灭绝；而象类仍现存三个物种，即亚洲象、非洲草原象和非洲森林象。

7.4.4.4 人类的起源和演化

人类的出现是第四纪生物演化的重大事件。非洲的南方古猿（Australopithecus）是重要的早期人类成员。于1974年发现的约320万年前的南方古猿骨骼化石"露西"（Lucy），一度被认为是人类最早的祖先。南方古猿的骨骼结构显示，它们已经能够直立行走。

不过，许多研究证据显示，南方古猿只是从猿到人过渡阶段的后期类型。20世纪90年代至21世纪初，距今700万～500万年前的更早人类成员地猿始祖种（Ardipithecus ramidus）、原初人图根种（Orrorin tugenensis）、撒海尔人乍得种（Sahelanthropus tchadensis）被陆续发现，将"人猿相揖别"的时间进一步提前了。同时，这些新的化石记录为人类起源于非洲提供了更多证据。

距今250万～150万年，南方古猿中的一支演化为能人（Homo

habilis）。能人已经能够制造和使用工具，这提升了能人获取食物的方式，促进了能人大脑的发育。正因如此，能人也被认为是原始人类向现代人类演化的开端，成为第一个被归入人属（Homo）的成员。

距今 190 万～20 万年，直立人（*Homo erectus*）出现了。直立人已经走出非洲，在周口店发现的北京人（*Homo erectus pekinensis*，图 7-22）就是直立人的成员。直立人脑容量进一步增加，四肢也更加灵活，能够制作和使用打制石器、用火和狩猎。

图 7-22　北京人的生活景象
图片来源：周口店遗址博物馆

直立人进一步演化为智人（*Homo sapiens*），早期的智人是古老型智人（archaic *Homo sapiens*），生活于 40 万～20 万年前；20 万年前，古老型智人进一步演化，成为现代人（*Homo sapiens sapiens*）；约 1 万年前，

生物圈

从新石器时代开始,人类历史的画卷逐渐展开。

自此,我们已经对生物演化的历史有了一定的了解。今天的地球生物圈与生物多样性,是过去30多亿年地球演变的结果,地球在漫长的演变中逐渐成为适宜人类生存的沃土。对地质历史时期生物演化与环境变化的了解,有助于我们深入地理解当今的环境变化,更好地保护我们共同的家园。

7.4.5 动物登陆与陆地生态系统革命

在植物登陆后,动物登陆再次使陆地生态系统发生了巨大变化:陆地上终于产生了营养结构完整的生态系统;随着陆生动物的出现,动物与植物开始了长期的协同演化过程,陆地上的生物多样性大大提高了。

1. 陆地食物链的形成

在动物还未登上陆地之前,尽管陆地上已经有了生态系统,但是生态系统中只存在生产者——绿色植物,以及分解者——各种微生物,并未形成完整的营养结构。直到动物登上陆地,陆地生态系统才产生了食物链和食物网,绿色植物储存的能量开始随着食物链一级级流动起来。

陆地上最早形成的食物链是腐食食物链(detrital food chain)。早期登陆的马陆和无翅昆虫以土壤中的有机碎屑为食,这些有机碎屑通常来源于植物;而蝎子、蜘蛛和蜈蚣捕食这些食腐动物,更高级的捕食者尚未出现。可以说,是死亡的植物材料构成了早期陆地食物链的营养基础。

捕食食物链(predatory food chain)紧接着腐食食物链产生了:在泥盆纪的地层中,已经出现了明显被取食过的植物根茎,说明陆生动物开始以活的植物为食了。再之后则是食物链的层级增加——脊椎动物的登陆使陆

第7章 显生宙生物圈的发展

生节肢动物遇到了将与它们相伴几亿年至今的天敌,而脊椎动物的大型化使得陆地上也出现了与海洋中类似的体型巨大的捕食性"霸主",营养结构完整的陆地食物链形成,加速了陆地上的能量流动与物质循环,使得陆地生态系统更加富有生机。

2. 陆生动物与植物的协同演化——传粉昆虫与被子植物

协同演化是指生物在互相选择下共同演化,如猎豹与羚羊在"军备竞赛"中共同向着速度更快的方向演化的过程。随着动物的登陆,陆生生物的种间关系变得多样,捕食、竞争、寄生等关系均在陆地上出现了,动物与植物、动物与动物间的协同演化也大规模展开,极大地促进了陆地生物的多样化,最终造就了现在繁盛的陆地生物圈。

陆生动物与植物协同演化的典型例子是传粉昆虫与被子植物的演化。在二叠纪一些原始的新翅类昆虫内脏中,能发现裸子植物的花粉,说明此时已经出现了以花粉为食的昆虫。在我国辽宁西部发现的一些具有长喙的虻类化石,推测产生于距今约 1.25 亿年的白垩纪早期;现生的多种虻类取食花粉并协助传粉,这些化石说明这种行为早在白垩纪就已经起源,而长喙是有助于传粉的结构。同一时期的被子植物,也产生了吸引昆虫的花瓣等结构,这便是被子植物与传粉昆虫协同演化的结果。类似的协同演化还有许多,协同演化使得陆生动物与植物中产生了许多特化的类群,大大提高了陆地生态系统的生物多样性。

第 8 章

显生宙生物大灭绝与生物圈剧变

生物圈

19世纪初，法国解剖学家、古生物学家乔治·居维叶（Georges Cuvier）发现，如猛犸象等当时为人熟知的古生物，已经从地球上彻底消失了，基于此，他提出了灾变论。灾变论认为，地球历史上发生过多次灾难性事件，事件伴随着旧物种的灭绝和新物种的诞生。这时的理论思想已非常接近现当代生物大灭绝理论观点。

20世纪80年代，美国学者杰克·塞普科斯基（Jack Sepkoski）等通过研究海洋无脊椎动物化石的演化规律，构建了显生宙海洋动物多样性演变曲线，也就是著名的赛普科斯基曲线（图8-1），并据此识别出五次生物大灭绝事件和显生宙三大海洋演化动物群。所谓"特别重大"的五次大灭绝事件表现为，生物化石记录在科、属、种三个物种分级上均出现了大规模的集群灭绝（又叫大灭绝，mass extinction），被称为显生宙五次大灭绝事件，它们分别是：奥陶纪末大灭绝（O-S灭绝事件）、晚泥盆世大灭绝（F-F灭绝事件）、二叠纪末大灭绝（P-T灭绝事件）、三叠纪末大灭绝（T-J灭绝事件）、白垩纪末大灭绝（K-Pg灭绝事件）。其中，二叠纪末大灭绝规模最为庞大。生物大灭绝从此作为古生物学、地层学重大研究课题和重要研究方向，得到全球学者的广泛关注。

后续研究表明，显生宙以来地球上出现过至少32次生物大灭绝事件，但上述五次大灭绝受到更多关注。生物大灭绝事件，并非单纯的生物多样性凋零衰减，其后续还会出现生物复苏（recovery），迎来生物多样性的快速增长。在地层记录上，大灭绝表现为化石种类在短时间内发生大规模更新，记录了生态环境的巨大变迁，以至于成为划分地质时期的重要标志。

第8章 显生宙生物大灭绝与生物圈剧变

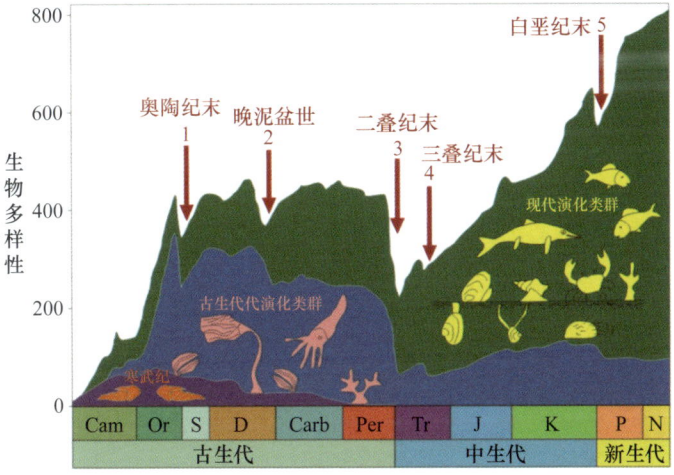

图 8-1 显生宙海洋动物多样性演变曲线，
及据此识别出的五次生物大灭绝事件和显生宙三大海洋演化动物群
图片来源：修改自 Raup and Sepkoski, 1982

8.1 背景灭绝和集群灭绝
Background extinction and mass extinction

生物个体具有生老病死的生命历程，在宏观层面上，物种群体也具有兴衰演替的发展规律，这是生态系统运转、生物种群演化必然出现的正常现象。背景灭绝（又叫常规灭绝，background extinction）是指在没有人类活动干涉影响下，现生物种因不适应环境变迁，或在生态位竞争中落败于外来物种、新生物种，引发的物种灭绝事件。因此，背景灭绝往往还具有区域性特征。

生物圈

学者一般用"灭绝率"(表8-1)来描述生物灭绝事件的严重程度。灭绝率是一定地质时期内,生物类别灭绝数量的百分比。典型的背景灭绝指标是:在一个"期"内,科级物种单位灭绝率不超过8%。

集群灭绝是指在很短的地质历史时期内,地球生物发生全球性、大规模的灭绝事件,科级物种单位灭绝率通常超过20%,属级物种单位灭绝率通常超过50%,种级物种单位灭绝率通常超过80%。这里的生物主要指宏观生物,因为关于微生物的具体数量很难获取有效的地质信息。集群灭绝事件往往伴随明确的地质灾变事件,对生态环境造成重大影响,强迫生态系统结构发生大规模转变,为人熟知的例子就是白垩纪末大灭绝。撞击说认为6600万年前,一颗小行星撞击了墨西哥尤卡坦半岛,并引发了一系列地球系统响应事件,最终造成白垩纪末大灭绝。在白垩纪末大灭绝中,以恐龙为主的大型爬行动物走向集群灭绝,这之后,以鸟类和哺乳动物为代表的恒温动物在灾后复苏中重新占领生态位。

表 8-1 显生宙五次生物大灭绝事件中,科、属、种级灭绝率(%)

集群灭绝事件	科级灭绝率	属级灭绝率	种级灭绝率
奥陶纪末大灭绝	26	60	85
晚泥盆世大灭绝	22	57	83
二叠纪末大灭绝	51	82	95
三叠纪末大灭绝	22	53	80
白垩纪末大灭绝	16	47	76

注:引自 Jablonski,1994。

8.2 生物大灭绝的物种因素
Species factors of mass extinction

1. 更容易灭绝的生物

（1）特化物种：某些物种为了争夺独特的生态位或繁殖权，形成局部器官过于发达的特异适应，包括食性特化（如大熊猫）、摄食方式特化（如指猴）、求偶方式特化（如孔雀）等。这些现生生物在自然环境下，由于生态位狭窄、特化，往往已经是濒危物种；在环境发生剧烈变迁时，受困于身体机能特化，大大缩小了生态位的适应范围，很可能成为大灭绝的第一批受害者。

（2）大型物种：典型的例子是大型角石、巨型昆虫、大型海洋爬行动物、恐龙等。这些大型物种在稳定的自然环境中，凭借体型优势，具备较强的捕食或防御能力，属于一种优势演化。而一旦遭遇大型灾变事件，巨大的身躯由于新陈代谢要求高，食物需求旺盛，将很快因食物匮乏而死亡。

（3）环境敏感物种：如珊瑚虫，对海水水温、pH 都高度敏感，对环境变化耐受性差。现生珊瑚虫正因全球变暖而大规模死亡，发生珊瑚白化。在历次大灭绝中，珊瑚虫都是受到重创的物种类群。

2. 残存生物

（1）幸存类群：在大灭绝之前广泛分布的优势物种，凭借巨大基数和适应力，挺过集群灭绝的困难时期。此类物种往往具备相当强的环境适应力，一旦环境趋于稳定，便开始复苏，很容易出现扩增现象。典型代表是双壳类。在二叠纪末大灭绝后，双壳类赶走了自奥陶纪以来长期霸占浅海的腕足动物，成为浅海底栖固着生态位的优势物种，并将这一优势地位延续至今。

（2）死支漫步类群：在大灭绝后少量残存，艰难生存，最后走向完全灭绝。典型物种是三叶虫。大部分三叶虫在晚泥盆世灭绝，仅剩砑头虫目艰难度过石炭纪和二叠纪，最终在二叠纪末大灭绝中走向彻底终结。

（3）机会类群：在稳定环境中处于被压制地位，大灾变创造的生态位真空，反而成为此类生物登台表演的巨大机遇。典型代表是白垩纪末大灭绝以来的哺乳动物和鸟类。

3. 残存机制

（1）小型化：大灭绝发生之后，大个体生物环境耐受性较差，很快便走向死亡；小个体生物因为较低的氧气和食物需求，从而博取到更高的生存概率。同时，恶劣的环境也会筛选出小个体生物子代中更小的个体，进一步促进小型化的发展。在早三叠世，几乎所有的残存海洋无脊椎动物都出现了小型化的演化趋势。

（2）避难所：全球性灾变事件发生时，有一些特殊的地理区位没有被卷入灾难，生活在此地的生物可以安稳渡过危机，待条件转好时，重新占领生存空间。避难所理论目前缺乏特别典型的古生物地层证据，只是在现生地球上能够找到相应的场所。结合现代地球环境，学者考夫曼（Kauffman）

和欧文（Erwin）认为，孤立海岛、海底热泉、生物礁洞，拥有非常独立的生态系统和封闭的空间，可能就是地质历史时期的避难所。

8.3 生物复苏
Biotic recovery

1. 生物复苏的基本概念

大灭绝后，生态位出现大量空缺，但这些空缺生态位不一定完全契合残存生物的生活习性，可能得不到充分开发利用。此时，残存生物不仅在数量上出现回升，同时也会发生进一步辐射演化，以适应新的生态位空缺，争夺更多的生存资源，从而表现出生态多样性。所以，衡量生物复苏的指标，绝不是生物个体数量的回升，而是物种多样性的回升。但由于生物复苏是渐变的，这使得生物复苏与突变的大灭绝相比，在地层证据上更难有效识别。

2. 复苏的类群

（1）先驱类群：大灭绝之后，最先被识别到发生数量回升、演化辐射的生物类群，属于生物复苏中的主力。例如，腕足动物在早志留世的兴盛发展，就体现为挺过奥陶纪末大灭绝后的复苏。

（2）复活类群：大灭绝之后消失不见，在消失了数个地层后，突然再度出现的生物类群。例如，奇虾普遍被认为在奥陶纪末已经灭绝，然而

2009年在德国本登巴赫（Bundenbach）出土的一块奇虾化石，却来自早泥盆世，这当中巨大的演化空白就是一次典型的复活类群表现。关于复活类群形成的机制，有两种解释，一种解释是该物种在大灭绝中躲进了避难所，待环境趋于稳定后，从避难所撤离，扩散到更为广阔的生态圈中；另一种解释是化石发掘不够完善，导致一些种类在特定时代缺失。

3. 生物复苏的机制

（1）环境外因：灾变事件趋于平息，环境变得稳定，生存环境不再恶劣。

（2）生物内因：生物也在适应新环境，不适者被淘汰，残存者迅速与灾后环境发生协同演化，适应了灾后的新环境。

在复苏启动时，生物多样性的增加是缓慢的，随着生物多样性的回升，创造了更多的生存机会，这时的生物多样性达到最大值。随着生物多样性进一步增加，种间竞争趋于激烈，生物多样性增速受限，最终到达稳定状态（图8-2）。

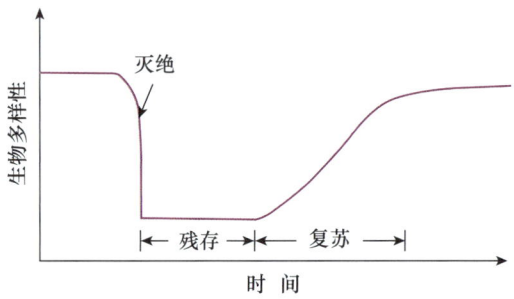

图8-2 生物多样性在灭绝、残存、复苏时的变化

第 8 章　显生宙生物大灭绝与生物圈剧变

8.4 显生宙五次大灭绝
Five mass extinctions of the Phanerozoic Eon

8.4.1 奥陶纪末大灭绝

1. 灭绝规模

奥陶纪末大灭绝的规模，在显生宙五次生物大灭绝中排第二。在任何一次大灭绝中，受影响最大的无疑是运动能力和适应能力都较差的底栖生物。这当中，三叶虫首当其冲，这次浩劫致使三叶虫种群迅速衰落，并一蹶不振，周志毅等对扬子板块赫南特期-埃隆期三叶虫多样性递变的研究充分显示了这样的种群变化趋势（图 8-3）。三叶虫以属为单位的分类单元分异度，从奥陶纪繁盛时期的 36%，经过首幕群体灭绝事件，变为 7%。经过二幕群体灭绝事件，一部分类群又终结了，分类单元分异度进一步跌落为 6%。

三叶虫等底栖生物的天敌——具备良好运动能力的大型角石，也从此跌下神坛，永久性地失去了海洋霸主地位。四射珊瑚、床板珊瑚遭受重创，腕足动物属的数量锐减一半以上，笔石科一级分类单元灭绝 90% 以上。奥陶纪大辐射爆发出的繁荣海洋景观，以显生宙首次大灭绝的形式，在 4.4 亿年前的赫南特期惨烈谢幕。

生物圈

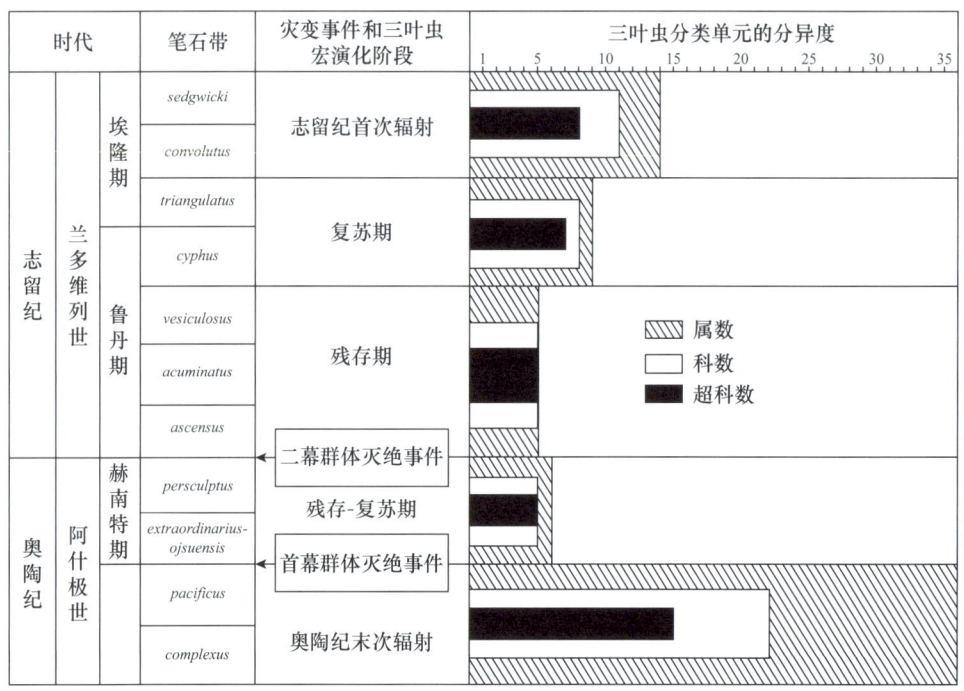

图 8-3 扬子板块赫南特期－埃隆期三叶虫多样性递变
图片来源：周志毅等，2004

2. 灭绝过程与机制

关于显生宙五次大灭绝的背景机制，一般都存在多种观点和学术争论，这些观点不一定相互冲突，而是可以协同配合，共同解释大灭绝的复杂过程和多元影响因素。

奥陶纪末大灭绝，已经被明确识别出具有两幕，首幕发生在凯迪期和赫南特期之交，经历赫南特期短暂的休整，海洋生物又遭受了赫南特期到鲁丹期的二幕大灭绝。二幕大灭绝同时也是奥陶纪和志留纪的划分界线。

关于奥陶纪末大灭绝的背景机制，目前在学术界争议较小，认同度较

第 8 章 显生宙生物大灭绝与生物圈剧变

广的是奥陶纪末的冰期事件。在奥陶纪末，冈瓦纳大陆漂移进入南极位置，高纬度地区的大部分陆地逐渐滋长出大面积冰盖。这些冰川和积雪以很高的反射率拒绝太阳辐射对地球系统的输入，从而进一步引发了更大面积的冰川覆盖。赫南特期的地球进入持续降温变冷的正反馈过程，大冰期扰乱了原本的洋流系统，适合生物生存的温暖水域越来越狭窄，收拢到赤道附近，对水温变化敏感的海洋生物开始走向灭绝。随着冰盖的进一步增长，大量海洋水体被固定到南极的冈瓦纳大陆表面，海平面随之下降近百米，大量的浅海水域变成陆地。天翻地覆的生态环境变化使得生活在浅海大陆架上的大量底栖生物失去栖身之所，暴露在海滩上，遭受灭顶之灾。这便是奥陶纪末大灭绝的首幕，淘汰了一批不能够及时适应环境变迁的物种，同时也创造了巨大的生态位真空。这一时期，一些适应冰冷水域的生物迅速填补，作为机会类群的代表，抓住机遇扩张为全球性分布。这当中的典型物种有腕足动物赫南特贝（因适应冷水，俗称冷水贝）、三叶虫中的小达尔曼虫，以及正笔石。

奥陶纪末大冰期持续了近 100 万年，环境虽然冰冷残酷，倒也稳定，能够适应寒冷环境的生物迎来了短暂的复苏。也许是因为特殊的天体运行轨道耦合，把地球带入了暖室期，也许是大规模板块运动带来了地球内部能量的释放，也许是大规模火山爆发，地球脱气造成的温室气体暴增，地球的气温开始逐渐增高，冰川开始消融，海平面快速上涨，海水温度升高。然而这种剧烈的回暖，带给生命的并不是温暖的复苏，反而是新一轮的大灭绝。浮游生物才刚刚适应大冰期的冷水环境，就在水温突变中大量死亡，造成食物链从底层开始土崩瓦解，这便是赫南特期结束时的二幕大灭绝。与此同时，海水温度上升，还造成洋流和海水密度的紊乱，海洋化学物质成分随之改变。更高的温度带来更大的蒸发量,陆地上暴雨倾盆,陆地沉积物中的有毒有害物质,随着海平面上升,溶解进入海水,经由浮游生物吸收富集,迅速传递到食物链各个层级,进一步破坏生态系统。气温升高,带来全球大气系统能量的剧增,海陆间热力性质差异愈发明显,强大的气压梯度催生出猛烈的风暴,狂风巨浪横扫海面,摧残水下生命。在反复无常的动荡中,生态系统跌到崩溃的边缘,奥陶纪谢幕了。

3. 灾后复苏

大灭绝事件给生态系统造成惨重的创伤,将曾经的海洋霸主们拉下自然历史的舞台。但总有新的生物类群在觊觎灾后这巨大的生态位真空,空旷的海洋正是它们悉数登台亮相的新舞台,一场新的生命繁荣正在孕育。

志留纪只有短短的 2500 万年,既没有壮观的生命大爆发、大辐射,也没有惨烈的大灭绝,看似平平无奇,却在慢慢修复奥陶纪末大灭绝之后,几近崩溃的生态系统。笔石作为复苏类群的先驱,首先开始争夺海洋生存空间,并迅速成为志留纪的优势生物。接着腕足动物和三叶虫也开启了复苏的步伐,其中三叶虫还演化出了具有志留纪特色的新种类。四射珊瑚的复苏则更晚,但在其之后还有更晚复苏的生物类群——后生动物礁。越是复杂的生物类群,其复苏速度也越缓慢。

鱼类,这个在整个奥陶纪都显得平平无奇、不起眼的小角色,此时却抓住机会,发生了重大演化变革。根据中国科学院古脊椎动物与古人类研究所朱敏院士团队 2022 年的研究成果,人类直系祖先有颌鱼类在志留纪早期就诞生了。有颌鱼类凭借强大的游泳和猎食能力,大杀四方,为后世脊椎动物统治地球埋下了伏笔。在志留纪,运动能力在食物链地位竞争中的重要性逐渐凸显,除了灵活游泳的鱼类,后起之秀板足鲎也闪亮登场,并成为当时的海洋霸主,节肢动物迎来了属于它们的王朝。在近岸水域,由于气候反复无常,以及来自海平面不断升降的洗礼,有更多的植物被迫适应陆地生态环境,并演化出维管组织,不仅支撑起高大的身躯,而且能更高效地输送养分。裸蕨植物从此开始覆盖大地,大气成分逐渐被充氧,为动物大规模登陆创造了条件。节肢动物依然是开拓进取的先驱,到志留纪晚期,已经大规模登陆,尽情享用裸蕨平原构成的盛宴。

• 8.4.2 晚泥盆世大灭绝

1. 灭绝规模

关于晚泥盆世大灭绝的具体过程,迷雾重重,扑朔迷离,争议较多。经典的狭义表述是在距今约 3.74 亿年前的晚泥盆世弗拉斯期与法门期之交发生了一起大规模生物灭绝事件,称为凯尔瓦塞(Kellwasser)事件。但也有学者认为,晚泥盆世大灭绝是一场持续了近千万年的漫长灭绝事件,多次灾害性事件周而复始、反复摧残生物圈,而其中最典型的灭绝事件,分别是晚泥盆世弗拉斯期与法门期之交发生的凯尔瓦塞事件和泥盆纪与石炭纪之交的罕根堡(Hangenberg)事件。本书将沿用经典意义上的凯尔瓦塞事件指代晚泥盆世大灭绝。总体上而言,晚泥盆世大灭绝有三个特点:灾难性、同时性、全球性。

(1)灾难性:晚泥盆世灭绝事件比较容易识别的地层标志是珊瑚礁的缺失,珊瑚礁成片死亡,没有留下挣扎的痕迹。弗拉斯期全球浅海相共有约 47 属珊瑚虫,到了法门期,只有 2～3 个属勉强残存。珊瑚礁是多种浅海生物赖以生存的家园,是构成浅海生态系统的底层要素。随着珊瑚礁的灰飞烟灭，浅海生物也迎来灭顶之灾。书写了地质历史的笔石，全灭；腕足动物从10个目削减至2个目；拥有超强再生能力的棘皮动物，灭绝近一半；头足纲的菊石，灭绝率高达90%；三叶虫只剩下砑头虫目一个孑遗，顽强挣扎；鱼类暂时从历史舞台上退场，无颌鱼类几近全灭，有颌鱼类也受到重创。千古一霸邓氏鱼所代表的盾皮鱼纲，全灭。

（2）同时性：指的是物种灭绝的持续过程短，在地质历史记录上显得"瞬间"发生了大灭绝，这当中的代表性动物是牙形动物。在晚泥盆世大灭绝中，牙形动物受到重创，但令人震惊的是其灭绝速度，灭绝率达到90%只用了短短的50万年。

（3）全球性：指在世界各地都能于地层中有效识别出此次灭绝事件。

但值得引起重视的是，在如此大规模的灭绝事件背景下，微小的营漂浮生活的放射虫和介形虫却繁盛了起来，陆生植物也没有受到太大的影响。

2. 灭绝过程与机制

晚泥盆世大灭绝发生之前的生态背景是：真蕨类的有叶植物突飞猛进，占领陆地，地球上首次出现了森林；节肢动物和以蜗牛为代表的腹足纲开始登陆，取食这几乎用之不竭的食物来源；浅海珊瑚礁一片欣欣向荣，软体动物、腕足动物在大陆架上懒洋洋地等待水流把食物送入口中；菊石和牙形动物游弋在水底，寻找可以捕食的小动物；有颌鱼类正在海洋中称霸群雄，大杀四方；肉鳍鱼类更是不满足于海洋生物圈的温暖和安逸，开始向陆地发起进军。但就在生命蓬勃发展的关键时刻，无情的大灭绝再次降临，血洗海洋生物圈（晚泥盆世大灭绝对陆地生态系统影响较小）。关于此次大灭绝事件的原因，一直以来主要有两大理论派别，分别是地内说和地外说，其中，地内说又有不同的原因归结，分为海退说、气候变冷说、赤潮说和海底火山活动说。

（1）海退说：地质证据表明，晚泥盆世大灭绝事件期内，出现了珊瑚礁暴露到海面以上的情况，附礁生物随之搁浅。这种全球性的海退事件，直接毁灭了浅海生物的生存环境。作为海洋生态系统底层要素的生物礁一旦遭受摧毁，其灾难性后果将通过食物链逐级扩散，最终导致全面的海洋生态系统崩溃。

（2）气候变冷说：根据氧同位素温度计的测量结果，以及孢粉化石的资料分析，在晚泥盆世大灭绝事件期内出现了气候变冷的现象。关于此次气候变冷事件，有学者认为是当时的地球上首次出现了原始森林，疯狂的光合作用大量抽离温室气体二氧化碳，相当于石炭－二叠纪大冰期的一次预演。而浅海生物普遍喜暖，尤其是珊瑚虫，又对水温变化高度敏感，一旦出现突发性的气候变冷事件，就开始大规模死亡。

（3）赤潮说：在我国广西进行的一项研究表明，晚泥盆世大灭绝事件期内，近海水域的化学特征为缺氧、高盐，这是海水富营养化的典型特征。可能在晚泥盆世爆发了一次又一次的大规模赤潮，大量消耗了海水中的氧气。尽管此时空气中充盈着真蕨类植物制造的氧气，但水生动物无法突破浮游藻类制造的死亡屏障而吸取氧气，窒息而死。

（4）海底火山活动说：在晚泥盆世大灭绝事件期内，地层中的镍、铱、铈、镧、锶这几种重金属元素的含量均高于背景值，这极有可能是大规模海底火山活动的影响结果。海底火山喷发将大量有毒有害重金属元素带到海水中，并通过食物链向上传递，层层富集，最终造成了大规模生物灭绝。

（5）地外说：研究人员在瑞典和美国分别发现了晚泥盆世大灭绝事件期内形成的巨大陨石坑，直径可达 52 km。如此规模的小行星撞击事件，能直接影响地球的岩石圈运行状况,火山随之喷发,巨量的烟尘和有毒有害气体会杀死晚泥盆世的大量生物。

3. 灾后复苏

牙形动物在晚泥盆世大灭绝中遭受了 90% 以上的种群灭绝,可谓惨痛打击,但凭借其小型的身躯和较好的行动觅食能力,牙形动物成为大灭绝后最先复苏的物种。牙形动物的残存期只持续了 25 万年,可以说是速生速死生存战略的实践赢家。待环境恢复稳定后,腕足动物也开始复苏,云南贝、大型弓石燕再次铺满了浅海海床。消失的珊瑚礁一直没有复苏,珊瑚虫类群一蹶不振,长期处于残存期,直到石炭纪才开始复苏之路。

• 8.4.3 二叠纪末大灭绝

1. 灭绝规模

二叠纪末大灭绝是显生宙以来,地球上发生的最为惨烈的集群灭绝事件,其规模空前,远超另外四次,突出表现为以下几个特点:

① 这是唯一一次对生物演化大赢家昆虫造成重大影响的灭绝事件。

② 在前两次大灭绝中,主要是海洋物种灭绝,陆地生态系统受到灭绝事件影响相对较小。但在此次大灭绝事件中,不仅海洋生态系统受到重创,95% 的物种灭绝,陆地生态系统也深受影响,灭绝了 75% 的物种。

③ 古生代海洋生物演化群遭受血洗,海洋生物类群发生大换代。繁盛于古生代的三叶虫、板足鲎、四射珊瑚、床板珊瑚、蜓类全部灭绝。这之后,中生代的现代海洋生物演化群取而代之。

④ 早三叠世的陆相煤层缺失带、海相油页岩缺失带,从侧面印证了生

第8章 显生宙生物大灭绝与生物圈剧变

态系统遭受到崩溃性打击,植物大规模死亡。

2. 灭绝过程与机制

2.5亿年前的西伯利亚大火成岩省的火山喷发被认为是这次大灭绝的元凶。喷发时间持续了100万年,岩浆冷却而成的玄武岩洪流惊人地覆盖了700万平方千米的土地,相当于大半个中国的国土面积。当岩浆冲破地壳的那一刻,地球仿佛回到了冥古宙的地狱之中。岩浆所经之处,烈焰吞噬一切生命。即便少数幸运儿侥幸躲过一劫,等待这些幸存者的也并不是黎明的曙光,而是更加漫长的痛苦。

大规模火山活动只是一系列巨大灾变的开端,持续了100万年的火山活动,向大气源源不断地输送气体和尘埃,不断改变着地球大气圈的组成状况(图8-4)。火山灰遮天蔽日,阻断阳光进入地表系统,气温骤降,寒冬凛冽,植物凋零。二氧化硫大规模进入大气,带来全球性的酸雨,腐蚀着植物的叶片,断绝了陆地动物赖以生存的食物来源,并最终带来大规模的死亡。酸雨也落入大海之中,造成海水酸化,水生动物的卵无法正常孵化,造礁生物无法制造保护柔弱躯体的钙质外壳,海洋生态系统开始从底层瓦解。酸雨还大量淋溶了土壤中的养分,同时陆地动植物尸体产生的腐败物质也被冲入海洋,造成海水富营养化,低等藻类大量繁殖,赤潮席卷全球,令海洋生物窒息而死。缺氧的海水环境还催生了厌氧菌的大量繁殖,厌氧呼吸产生的硫化氢毒害着残存的海洋生物。重金属离子也随着火山活动被带到地球表层,并通过酸雨溶解到海水中,通过食物链层层富集,进一步毒害脆弱的海洋生态系统。二氧化碳源源不断汇入大气,而此时植物却在大规模凋零,一旦火山灰沉降完毕,二氧化硫消耗殆尽,强烈的温室效应将掌管地球大气系统。此时的陆地高温、干旱、缺氧,正考验着最后挣扎的幸存者，在这个贫瘠的世界，生存变得异常艰难。

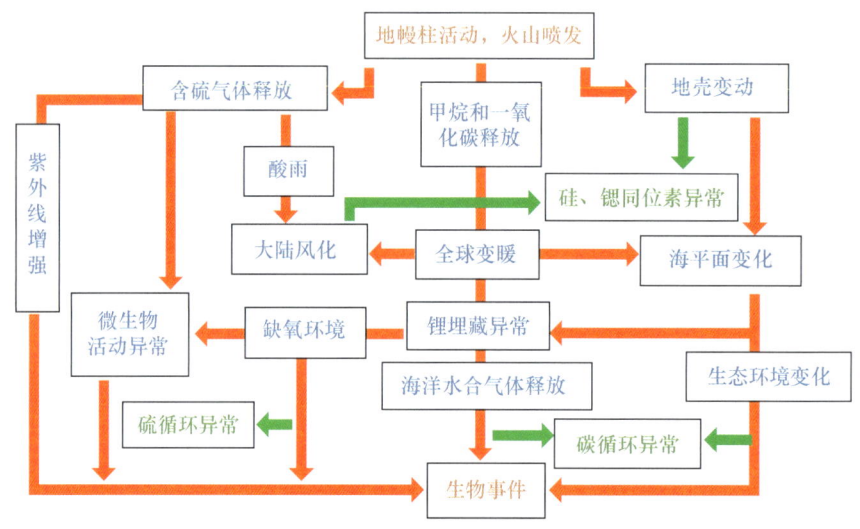

图 8-4 二叠纪末大灭绝的机制

3. 灾后复苏

二叠纪末大灭绝实在是太过惨烈，生命复苏的步伐举步维艰，各类物种总体的残存期达到了 500 万年，而从复苏到迎来生物多样性的高峰，则要到近 2000 万年后的中三叠世。在早三叠世的残存期，那些躲过危机的少数幸运儿大肆繁衍，泛滥分布，个体数量很多，但物种分异度却很低。这表明当时的生态环境仍旧十分恶劣，只有少数高度适应了恶劣环境的特殊物种才得以生存。经过大灭绝的洗礼，生态系统的基本架构发生了天翻地覆的变化。一度兴盛的浅水底栖固着滤食生物永久性地退出历史舞台中央，守株待兔的生存之道在这个贫瘠的年代已经行不通了。古生代海洋生物演化群，被擅长游泳运动、积极捕食的现代海洋生物演化群取代，海洋中的生存搏杀将变得更加激烈。干旱炎热的陆地生态环境催使陆地动物积极探索保水耐旱的求生之道，羊膜动物站在了时代的风口浪尖，依靠完全脱离浅水环境的羊膜卵繁衍策略，一举走出水域，完成了对陆地的征服，同时爬行动物即将开启对中生代的统治。陆地植物也不甘落后，裸子植物花粉管的出现，使得植物受精彻底摆脱了对水的依赖，裸子植物将取代蕨类植物，承担起重塑绿色地球的艰巨任务。

8.4.4 三叠纪末大灭绝

1. 灭绝规模

中生代是爬行动物称霸陆地和海洋的时代，这往往给人一种先入为主的印象，即恐龙主宰了整个中生代。事实上，在中生代的第一个纪——三叠纪，爬行动物的确占据食物链的顶端，但这群傲视群雄的爬行动物，并不是后世大名鼎鼎的恐龙，而是伪鳄类。体型庞大威武的伪鳄类，由于新陈代谢需求高，没能挺过三叠纪末大灭绝，反而是当时体型还很娇小的早期恐龙类群熬过了这段艰难岁月。伪鳄类的退场，是三叠纪末大灭绝的缩影，更大规模的灭绝事件正在不断上演。寒武纪元老牙形动物，熬过了最为惨烈的二叠纪末大灭绝，却没能躲过三叠纪末大灭绝。至于浅海珊瑚礁上那些缺乏运动能力的底栖生物，则更是难逃劫数：双壳纲42%的属和92%的种灭绝了，腕足动物60%的属灭绝，珊瑚虫80%的属灭绝。拥有一定游泳避害能力的菊石也惨遭屠戮。造礁生物往往是海洋食物链的底层来源，一旦珊瑚礁受到破坏，食物匮乏将通过食物链层层波及，最终让那些迅猛庞大的顶级海洋掠食者也饥饿而死。稳定时期的海洋从来都是食物的宝库，

生物圈

幻龙从陆地迁往海洋，凭借出色的游泳捕食能力，从鱼类口中争夺海洋食物来源，一时风头正盛，但也惨死在三叠纪末大灭绝无情的时代浪潮之下。但是针对孢粉化石的研究表明，在三叠纪末大灭绝中，陆生植物遭受的打击并不明显，只有区域性灭绝，不存在全球性灭绝。

2. 灭绝过程与机制

关于三叠纪末大灭绝的成因，存在多种说法，但这些观点并不冲突，而是可以协同作用，进一步恶化环境大灾变的规模，从而引发大规模集群灭绝事件。

（1）火山活动说：在现今大西洋两岸的陆地上，均分布着年龄大约为2.02亿年的大规模玄武岩层。如果把非洲、北美洲、南美洲该时期的玄武岩层全部视作同一场火山活动的结果，那么其展布面积总和将超过720万平方千米，这无疑又是一场超大规模热地幔柱事件，有人将其称为中大西洋大火成岩省事件。

这一玄武岩层的形成年代，正好对应了赫塘期发生三叠纪末大灭绝的时段，可以说是与西伯利亚大火成岩省交相呼应：三叠纪发端于热地幔柱事件，也终结于热地幔柱事件。有研究发现，可以通过植物叶片化石的表面气孔密度和开闭程度来测定大气中二氧化碳的浓度。根据此项研究结果，赫塘期的大气中二氧化碳浓度已经翻了好几倍，这正好与大规模火山活动带来的行星排气作用吻合。于是我们可以还原出这样的一幅末世景象：盘古大陆在沉寂了几千万年后，开始了新一轮躁动，中大西洋海岭开始撕裂地表，汹涌的岩浆喷涌而出，灼热的岩浆所经之处，一切生命化作乌有。至于超大规模的热地幔柱事件对大灭绝的后续影响机制，我们已经在二叠纪末大灭绝小节中做过探讨，这里不再赘述。

第8章 显生宙生物大灭绝与生物圈剧变

（2）海平面升降与缺氧说：由于盘古大陆裂解，三叠纪末的海平面出现了快速下降，这一轮海退事件来得快去得也快，很快又被侏罗纪初期的大规模海侵事件替代，海平面再次上涨。频繁变动的海岸线极大地破坏了浅海生物的生存环境，珊瑚虫来不及适应反复无常的环境，开始大批死亡，海洋食物链从底层开始瓦解。与此同时，海洋初级生产力遭到破坏还造成海水缺氧，使得海洋生物的生存进一步举步维艰。

（3）小行星撞击说：在加拿大魁北克省，有一个直径达到100 km的大型陨石坑，叫作曼尼古根（Manicouagan）陨石坑，其撞击年代正好处在三叠纪末大灭绝发生时期。更多研究表明，此次陨石撞击事件很可能不是单一事件，后续又发现了在北半球散布着多个陨石坑，形成年代全部集中在三叠纪末大灭绝对应时间段。一开始此项发现并没有引起研究人员的重视，主要原因是被认为太过巧合，用于解释三叠纪末大灭绝显得牵强附会。直到1994年，苏梅克-列维9号彗星撞击木星的全过程被观测到，人们才回过头来发现该观点的合理性：在木星强大引力的撕扯下，密度和刚性本就不高的彗星被撕裂成21块碎片，陆续撞向木星。如果三叠纪末大灭绝是由大质量彗星撞击引发的，的确有可能出现同时形成的多个撞击坑。

3. 灾后复苏

三叠纪末大灭绝之后，地球生态环境迎来了非常安稳的一段时期。三叠纪末大灭绝和白垩纪末大灭绝，是地质历史上相距最远的两次大规模集群灭绝事件，时间间隔达到1.4亿年，这无疑为生命的繁衍创造了广阔的舞台。躲过三叠纪末大灭绝的幸运儿们，终于等到了属于他们的黎明。在海洋中，六射珊瑚和虫黄藻抱团取暖，依靠互利共生度过艰难时期，并在灾后一举崛起，成为延续至今的造礁生物王者。软骨鱼和辐鳍鱼继续巩固他们在海洋上层食物链中的地位，但鳍龙已经代表新一代海洋爬行动物，开始了顶级掠食者的海洋霸主征途。在陆地上，高大的苏铁植物从灾后余烬中萌发，迅速成长为浓密的森林。就在这中生代森林里，始盗龙的后裔们——继承了恐龙这一陆地爬行动物身体架构最优解的类群，即将迎来属于它们的王朝。

8.4.5 白垩纪末大灭绝

1. 灭绝规模

6600 万年前的白垩纪末大灭绝，是爬行动物退场、哺乳动物登台的转场事件，也是大众认识度非常高的大灭绝事件，统治地球长达 1.4 亿年的恐龙走向覆灭，其他大型爬行动物，如鳍龙、沧龙、翼龙也全部灭绝，海陆空霸主全部消失。在历次大灭绝事件中，最容易受到影响的就是大型动物，他们新陈代谢水平高、食物需求量大，一旦出现环境灾变，就难以熬过食物匮乏时期。此次大灭绝事件并非只摧毁爬行动物，同样惨遭灭绝的，还有繁盛了 4 亿年的菊石。与此同时，同样属于头足纲的箭石，也全部灭绝。就连哺乳动物的祖先，也没能躲过此次劫难，三尖齿兽目全灭，真兽亚纲的原始类群损失超过一半。除了动物惨遭灭绝外，陆生植物也未能幸免，以苏铁为代表的裸子植物从此一蹶不振，将植物界的霸主地位让给了被子植物。

2. 灭绝过程与机制

白垩纪末大灭绝在公众视野中，似乎已经被研究得比较透彻，小行星撞击论的确也是说服力非常强的大灭绝理论。但其细节与过程，以及瑕疵之处，仍然值得我们讨论。在距今 6600 万年前，一颗直径约 10 km 的小行星，以

40 km/h的速度撞击地球,撞击地点在现今墨西哥尤卡坦半岛附近的浅海。人们至今仍能在该海域找到一个直径达到180 km的环形撞击痕迹,这被称为希克苏鲁伯(Chicxulub)陨石坑(图8-5)。

图8-5 希克苏鲁伯陨石坑复原图
图片来源:纽约时报

生物圈

撞击发生后，灾难开始了：撞击直接释放了相当于10亿颗广岛原子弹爆炸的能量，顷刻之间，以撞击点为圆心，90 km范围以内的所有生物瞬间气化。这些生命的残余物，被小行星熔融物、地壳岩石熔融物一同裹挟，直接冲入大气层，散布到北美大陆，并化作岩浆雨，从天空倾斜而下，超过1000 km的范围内燃起熊熊大火。撞击引发巨大的地震，地震波横扫全球，给远离撞击中心的生物带来最初的震撼，但它们此刻还不知道的是，比起地震波，速度稍慢的海啸正在奔涌而来。滔天巨浪席卷了全球的海岸线，让浅海生物连同近岸动植物一同被埋葬。而这，仅仅是大灭绝的第一天，幸存下来的生物永远想不到等待它们的，将是怎样的地狱景象。

大撞击蒸发了数万亿吨石灰岩和石膏岩层，巨量的二氧化碳、二氧化硫和灰尘，以远超热地幔柱事件的排放效率瞬间涌入大气层，并深刻改变了地球大气的理化特性。灰尘停滞在平流层中长达数月时间，阻隔了太阳辐射，寒冬开始了。二氧化硫被氧化成硫酸，裹挟着灰尘成为有毒的黑色雨滴降落到地表，所经之处，植物纷纷凋零枯萎。酸雨混合着灰尘，汇集成酸性泥浆，涌入海洋，继续毒害海洋生命。

大撞击理论强有力的证据支撑，是在白垩纪末地层中，铱元素的含量异常增高，并且这种增高还是全球性的。铱元素在地壳中罕见，主要富集在地球深处，同时也大量存在于没有壳幔分异的小行星中，全球性的铱元素异常增多，合理的解释就是外部天体的输入，并且这个输入过程还伴随着极其惨烈的爆炸，从而把撞击点的铱元素散布到全球同时代地层中。还有研究发现，这一时期的地层中存在微小的玻璃球粒，这正对应着撞击发生时溅射到大气中冷却的熔融岩石物质。

陨石撞击说的背后还隐含着一条基本判定，即白垩纪末大灭绝是一场

短时间内发生的瞬时事件,但这一判定与观察到的恐龙大规模灭绝实事并不相符。更细致的研究表明,早在白垩纪末大灭绝之前,我国四川大量出土的马门溪龙和剑龙就已经灭绝。美国研究者也发现,美国出土的恐龙化石在大约6800万年前就已经大规模减少,出现了灭绝的迹象。更有专门研究恐龙蛋的学者发现,侏罗系地层中几乎很难发现恐龙蛋化石,但白垩系地层中却大量出现未孵化的恐龙蛋化石,这表明恐龙繁衍出现了巨大问题,而这一地层却出现在白垩纪末大灭绝之前上百万年。也有研究发现,在侏罗系地层中出现过直径可达170 km的巨大陨石坑,但当时的地质记录却没有生物大灭绝的迹象。由此可以看出,小行星撞击事件可能不是造成白垩纪末大灭绝的唯一原因,但也应该是带动灭绝最高峰的临门一脚。

白垩纪末大灭绝本身,很可能不是一起孤立事件,而是一系列灾变事件协同作用的最终结果。限于篇幅,这里只列举受到关注的其他几种灭绝原因假说,感兴趣的读者可以依据这些线索,继续追踪白垩纪末大灭绝真正缘由的蛛丝马迹。这些假说主要有:板块运动加剧、火山持续猛烈喷发、地球气候强烈变化、超新星爆发γ射线暴、频繁的磁极倒转、恐龙免疫缺陷、恐龙繁殖缺陷,等等。

3. 灾后复苏

恐龙王朝就此落下帷幕,海洋、大地、天空中,都有着广阔的世界等待新的征服者。海洋中,大型海洋爬行动物消失,给哺乳动物和软骨鱼留足了争夺霸权的空间。食物链中层的菊石彻底消失,辐鳍鱼类乘虚而入,并依靠优异的身体构造发生了惊人的辐射演化,把海洋生物多样性带上了一个新台阶。天空中,翼龙陨落,今鸟亚纲则一跃而起,天空从此真正热闹起来。陆地上,在爬行动物脚下匍匐了上亿年的哺乳动物,终于迎来了属

> 生物圈

于他们的时代。恒定体温、胎生、哺育后代，这些珍贵的生存技能帮助它们熬过了艰难的岁月，并一直延续至今，成为新生代中非常成功的动物类群。被子植物不仅取代裸子植物原有的生态位，而且积极向水域探索、向高山进发、向冰原开拓，占领了地球陆地的大部分表面。而昆虫纲则随着被子植物的繁盛，发生了惊人的协同演化，生物多样性出现爆炸式的增长。

8.5 生物大灭绝对生物圈演变的影响
The impact of mass extinction on the evolution of the biosphere

对于古生物研究来说，大灭绝可不是什么新鲜事，甚至和大众认知截然相反，有的学者认为，不应将大灭绝视为地球演化史上的负面事件，大灭绝是地球生命历程中必然经历的事实，演化和灭绝相生相伴，颇有一些福祸相依的意味。如果不理解这一点，就谈不上真正理解达尔文早在160多年前悟出的生命真谛：物竞天择，适者生存。哺乳动物的祖先和恐龙生活在同一历史时期，但恐龙存世时，早期哺乳动物是卑微的，被形容为一群"散装耗子"，在整个生态系统中只扮演了一些地洞中不起眼的小角色。如果不是白垩纪末大灭绝的浩劫将恐龙赶下历史舞台，这群"散装耗子"恐怕很难迎来属于他们的时代。

陆地上爬行动物的生态位被哺乳动物取代，只是我们熟知的生物圈结构在灾后发生大规模演变的例子，海洋中的变化，恐怕更加天翻地覆。三叠

第 8 章 显生宙生物大灭绝与生物圈剧变

纪之前的海洋虽然也有鱼类自由穿梭,但生存方式的主流是由一群诸如腕足动物、珊瑚虫、双壳纲动物进行的底栖固着方式。它们懒洋洋地躺在浅海海床上,等着丰饶的海洋向它们投递食物,此时的海洋生态群落被称为古生代海洋生物演化群。二叠纪末大灭绝使得这种守株待兔式的生存方式经受严重打击,海洋生态类群焕然一新,积极游泳捕食成为海洋生物求生方式的主旋律,底栖固着滤食的生态位虽然基本盘还在,却已不再是主流。中生代的海洋霸主——沧龙和鳍龙虽然已经灭绝,但鲨鱼和虎鲸依然继承着它们奋勇搏杀的生存态度,所以中生代至今的海洋生物演化群并没有发生实质性的改变,依旧被称为现代海洋生物演化群。

因此,我们可以确切地说,灭绝对演化具有重大意义。我们在显生宙长达 5.4 亿年的历史中,一次次看到很多物种类群统治了地球很长时间,并辐射演化出很多属和种,但这些都是在对已有的身体构造修修补补,或是对某个特殊的生态位进行特异性适应演化,并非突破性革新。灭绝—残存—复苏—重回多样性巅峰,从显生宙以来的物种多样性统计中,我们可以清晰地识别出这一地球上物种多样性的变化规律,这是一条波动上升的曲线,并且每一次斜率的攀升,都发生在大灭绝之后。如果在大灭绝中,我们带入的是灭绝种群的视角,那看到的当然是悲惨的地狱景象;而如果我们带入机会类群的视角,则能够看到一条足够开阔的生态大道。"生命自己会寻找出路",这是电影《侏罗纪公园》中的一句台词,在每一次大灭绝的废墟之上,总有足够顽强的生命,能够探索出适合自己的生存之道。

第 9 章

现代生物圈面临的挑战

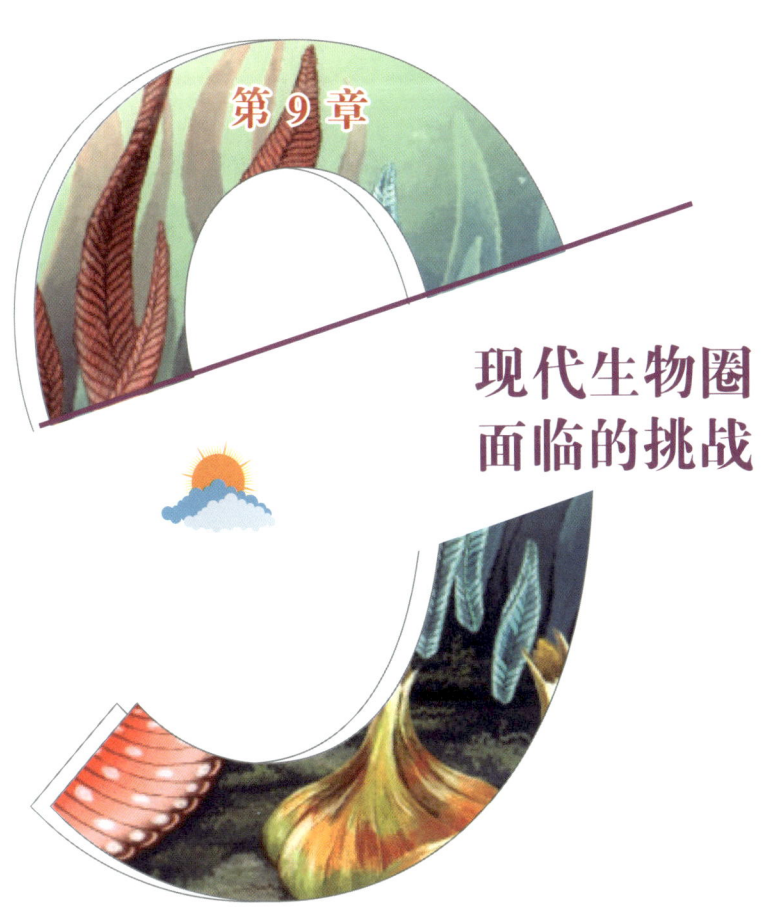

> 生物圈

9.1 地球生物圈的韧性
The resilience of the Earth's biosphere

● 9.1.1 生物圈的稳定性、抵抗力与韧性

生物圈的稳定性（stability）最初是指生态系统持久运行，并能够抵御外界干扰的能力。但经学者深入研究，其含义其实可以进一步深挖，并被界定为两大作用方向，分别是抵抗力（resistance）和韧性（resilience）。抵抗力的概念比较直白，就是指生态系统自我强化，抵御外界不良干扰的能力，如本土生态系统对外来物种的抵抗。而韧性的概念更加抽象，韧性一词直接的概念是物理学意义上的弹性形变，即事物受到外界扰动后，回到原本状态的能力，主要运用在工程学领域。20世纪70年代，韧性的概念被引入生态学领域，在各种文献中被翻译成"弹性"或"恢复力"，意指生态系统受到扰动，尤其是破坏性扰动后，自我修复的能力。

我们以热带雨林生态系统和极地苔原生态系统作比较对象，会发现热带雨林生态系统空间结构复杂，物种多样性高，生物量大，种间相互作用频繁而密切，演化历史较长，其对应的无机自然环境也相对稳定，未来发展趋势的可预测性较高；而苔原生态系统则恰恰相反，群落空间结构单一，植物匍匐在地表之上，物种多样性低，生物量小，种间相互作用少，演化

 第9章 现代生物圈面临的挑战

历史短，突发性环境变化频发，环境变迁难以预测。一般而言，面对轻度的环境破坏事件，复杂的雨林生态系统能够轻易抵抗不良干扰，保持环境稳定状态。例如，某种具有特异性感染的植物病虫害暴发，可能导致特定植物品种死亡，但该品种植物死亡后，空缺出来的生态位很快会被雨林中的其他植物品种填补，雨林生态系统照常运行。而一旦遭受重大环境灾变事件，如过量人工砍伐，雨林生态系统则难以恢复，反倒是结构简单的苔原生态系统能够在灾变事件后更快恢复。在这个例子中我们不难发现，就抵抗力来说，雨林生态系统大于苔原生态系统；但从韧性这个角度，却又是苔原生态系统具有更强的自我修复能力。

越来越多的证据表明，生态系统的抵抗力和韧性是互斥的性质，具有高抵抗力的生态系统，其韧性往往比较低下，反之亦然。我们再举海洋和陆地生态系统的例子做对比阐述：海洋生态系统缺乏生物量储存的机制，光合作用固定的有机碳无法大量成库，抵抗力较低，对海洋污染和水温变化都十分敏感，一旦受到污染物的侵扰或者水温变动的影响，就容易引发大规模物种死亡现象。但海洋生态系统的韧性又是强大的，一旦污染物得到扩散稀释和自净，或者通过环保行动制止污染物排放，切断污染物源头，海洋生态环境的恢复速度非常快。而陆地复杂生态系统的典型代表——森林，一旦遭到破坏则很难快速恢复如初。

同时，生态系统的韧性还与营养层级的复杂性有关，营养层级越多，食物链越长，生态系统的韧性就越差。例如，在一个湖泊生态系统中，当构成初级生产者的藻类大规模死亡之后，必然引发整个生态系统的崩溃。若湖中原本的食物链就比较短，只延伸到捕食藻类和原生动物的水生昆虫，那该生态系统将随着藻类的复苏而迅速恢复；若湖中原本有鱼类，甚至有

水鸟捕食鱼类，则需要等到营养级自下而上一级一级恢复以后才能够供养捕鱼的水鸟，此时生态系统的韧性就比较低。

综上所述，在地球上，生物圈由各个生态系统组成，生态系统的稳定性其实依赖于复杂性带来的抵抗力和简单性带来的韧性之间的平衡。地球历史漫长，在长久稳定的时期，复杂而富有抵抗力的生态系统大行其道，生物辐射使得演化树枝繁叶茂；而在环境迅速变迁，尤其是灾变事件频发的艰难岁月里，简单而坚强的生态系统凭借强大的韧性，将生命的种子保留，等待着重新萌发的好时代。

9.1.2 生物圈的韧性在集群灭绝事件中的表现

在第8章，我们已经了解过生物圈灾后复苏的基本概念，在这里，我们结合生物圈的韧性再进一步认识历次灾后复苏的差异和共性。

无论哪一次大灭绝事件的发生，都打破了原有生物圈的相对平衡状态，大量物种的消亡，尤其是土著生物的灭绝，使原先稳固的生态位屏障极大弱化，物种间地位的历史渊源失去制约力，给那些原先不占优势，却具有顽强韧性的物种创造了新的生存机遇。在稳定环境中，营底栖固着滤食的无脊椎动物（如腕足动物、珊瑚虫）一度繁盛，但它们因运动能力所限，易遭受灭绝事件的严重打击；而摄食方式更加主动和多样、具备较强运动能力的软体动物和鱼类，则在大灭绝中凸显出较大的生存优势。原本在生态系统中占优势的生物类群，在大灭绝中消亡，有利于后世优势物种的建立和发展。例如，地球历史上最悲惨的二叠纪末大灭绝，使得更先进的现代海洋动物演化群取代了古生代海洋动物演化群。虽然

第9章 现代生物圈面临的挑战

地球历史上大大小小的灭绝事件带来过大规模的物种多样性下降，但自显生宙以来，地球生物圈总体的物种多样性是处在一个波动上升的过程中的。

相关研究表明，大灭绝后的残存生物类群，往往是一些物种分异度较低、接近模式种、形态单调、体型较小、分布较广的物种，它们依靠强大的适应能力，能够快速从残存期步入复苏期。生物复苏，是大灭绝后新一轮辐射演化的前奏。多数种群和门类的复苏都立足于残存阶段，有一个地质历史可见的复苏历程；也有一些种群是外来物种，作为灾后机会类群，入侵到新的生态区系或者生态位，贪婪地争夺生存资源；还有一些种群是复活物种，躲在桃源乡一般的避难所中躲过天劫，一旦环境恢复，就伺机而动，开辟新的生存家园。历次大灭绝事件还具有不同的反弹特点，通过赛普科斯基曲线（图8-1）我们可以清晰地辨别出，奥陶纪末大灭绝之后是一次"物种多样性的对称性反弹"，而二叠纪末大灭绝之后则是一次"物种多样性的非对称性反弹"，地球生物圈花了很长时间才抚平伤口，并向着更高的物种多样性进发。

传统研究中，关于大灭绝，我们总是在关注生物种群的灭绝率，现如今，随着研究深入，我们也开始关注复苏过程中新物种的新生率。例如，奥陶纪末大灭绝之后，笔石的新生率遥遥领先，而三叶虫仅产生了3个新的属，这暗示了笔石在志留纪的崛起。三叶虫虽然转危为安，但实则开始步入衰落的演化趋势。同样的故事也发生在白垩纪末大灭绝之后的早期哺乳动物身上，它们在食物链中营养级不高，长期蛰伏于恐龙统治的威胁之下，练就了一身过硬的生存本领。它们从侏罗纪一直蛰伏到新生代，并在新生代爆发出前所未有的演化之力，迅速辐射，占领了海陆空各大生态位。若没

> 生物圈

有白垩纪末大灭绝，恐龙不退出历史舞台，那么哺乳动物将很难冲破生态位的束缚，展现其优势身体构造带来的强大韧性。

生物圈与无机环境长期处在一个协同演化的系统中，这种协同演化，在生命大爆发、大辐射的繁盛时期体现得淋漓尽致，但其实大规模集群灭绝事件也是协同演化的反映。正是这些不同性质的生物－环境事件所展示出来的巨大复杂性，才构成了地质历史上复杂多变、绚丽多彩的生物演化故事。

9.2 全球变化对现代生物圈的影响
The impact of global change on the modern biosphere

• 9.2.1 气候变化对生物圈的影响

气候变化伴随着冰期－间冰期旋回，以及更大尺度上冰室期－暖室期旋回，但对于此时此刻的现代地球生物圈来说，我们正处在一个间冰期，全球变暖是一个毫无争议的气候变化事实。在本系列图书《地球气候与全球变化》中，有专门的章节探讨全球变暖和二氧化碳排放，以及人类工业活动之间的关系，我们这里主要讲述全球变暖背景下生物圈受到的影响。

气候变化对生物圈的影响是多方面的，首要影响就是加速物种灭绝，这是气候变化对生物多样性造成的最大破坏。目前正式被官方确认因气候变化而灭绝的哺乳动物是珊瑚裸尾鼠，这是一种生活在澳大利亚大堡礁上的啮齿动物，靠在裸露的礁石上啃食植物而生。不断上升的海平面和汹涌的风暴潮侵蚀了它们的家园，2009年是这种动物最后的观测记录，2019年珊瑚裸尾鼠正式被追认为灭绝物种。自20世纪70年代以来，因温度上升、厄尔尼诺现象加剧、降水不规律等气候原因，南美洲哥斯达黎加雨林失去了至少21种蛙类。2020年发表在《美国国家科学院院刊》（PNAS）上的一项研究预测，到2070年，全球可能会有近一半的物种因气候变化而走向灭绝。

气候变化还改变了物种分布范围。气候变暖导致部分物种的栖息环境发生改变，并将最终影响物种的分布范围。生活在北美地区的黑脉金斑蝶每年在美国加利福尼亚北部和加拿大度过夏季，而后向南迁徙至墨西哥越冬。但随着气候变暖，目前这种蝴蝶的分布区域已经向北移动了约 200 km。同样由于温度上升，原本喜欢微凉气候的虎纹钝口螈已经沿山体向高处迁徙了 100～200 m。2009 年，中国环境科学研究院团队以我国 83 种珍稀动植物为研究对象，分析它们在气候变化背景下分布格局的变化，发现有 31% 的物种向高海拔、高纬度地区进行了迁移。2022 年，《科学美国人》（Scientific American）杂志报道了一项研究结果，该研究显示在全球变暖的影响下，陆地动物正以平均每 10 年大约 17 km 的速度向两极迁移，而海洋生物的活动范围则以每 10 年大约 72 km 的速度向两极扩展。

气候变化会扰乱种间关系。例如，气候变暖会促使一些植物的花期提前，导致其错过授粉昆虫的活动时间而授粉失败，影响植物的繁衍。2019 年的一项研究揭示，随着气候变暖，欧洲白头翁（一种春季早开花植物）的花期出现了进一步提前的现象。然而，在开花季节，其主要传粉者（欧洲果园蜜蜂）并没有因为温度升高而提前孵化。这种时间上的不匹配导致欧洲白头翁的花授粉量持续下降，进而使得其种群面临着繁殖和生存的双重威胁。

简而言之，一些相互依存的物种，如共生、寄生以及食物链上的成员，对温度变化的响应差异可能导致它们长期以来建立的相互作用关系出现错位乃至破裂。目前科学家已经发现气候变化导致生物多样性走向衰退的大量证据，我们还可以通过几个具体的研究案例，来看看全球气候变化对某一物种的影响。海龟有一个十分奇特的繁殖规律：龟卵孵化性别取决于孵化环境温度（图9-1）。生物学家发现，当龟卵周围沙滩温度低于27°C时，更容易孵化出雄性海龟；而当沙滩温度超过31°C时，孵化出雌性海龟的概率将大大提高。这意味着气温可以改变海龟种群性别比例，进而影响海龟种群发展。

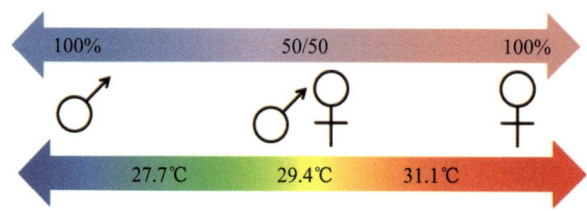

图9-1 龟卵孵化性别取决于孵化环境温度

全球变暖导致北极浮冰融化，严重影响依赖浮冰作为栖息地的物种，诸如北极熊和海豹。根据美国国家冰雪数据中心的研究，气温上升将导致北极熊母亲提前分娩，而栖息地的减少进一步恶化了北极熊幼崽的生存环境。同样依赖浮冰生存的海豹，作为北极熊重要的食物来源，其数量的减少也通过食物链直接威胁了北极熊的生存。

可能很多人都听说过随着气候变暖、海水暖化，大堡礁的珊瑚正在成片死亡。其实这背后的原因，也是先前提到的气候变化扰乱种间关系。珊瑚之所以显得五彩斑斓，是共生在珊瑚虫体内的虫黄藻的着色效果。珊瑚虫在分泌骨骼造礁的同时，为虫黄藻在浅海开辟出阳光充足的生存空间，虫黄藻也通过光合作用制造珊瑚虫需要的有机物，这是一种典型的互惠共生种间关系。但虫黄藻的生命代谢活动对水温十分敏感，随着水温上升，虫黄藻的代谢产物变得不再适合珊瑚虫，珊瑚虫就会向外"吐出"虫黄藻，从而发生珊瑚白化现象。白化的珊瑚缺少了虫黄藻给予的有机物营养，很快就会走向死亡，于是珊瑚礁也开始成片凋亡。珊瑚礁作为浅海生态系统重要的基石，这种生物资源的枯竭将通过食物链逐级向上传导，从而引发更严峻的生态灾难。

• 9.2.2　大尺度的大气－海洋系统变化对海洋生态系统的影响

厄尔尼诺和拉尼娜现象是南太平洋上大尺度的大气－海洋现象，这两种截然相反的现象，可以合称为恩索或厄尔尼诺－南方涛动（El Niño and southern oscillation，ENSO，图9-2）。其基本表现和成因分析，相信读者已经了解，本书不做深入探讨，我们在这里重点关注厄尔尼诺和拉尼娜现象对海洋及其沿岸生态系统的影响。

生物圈

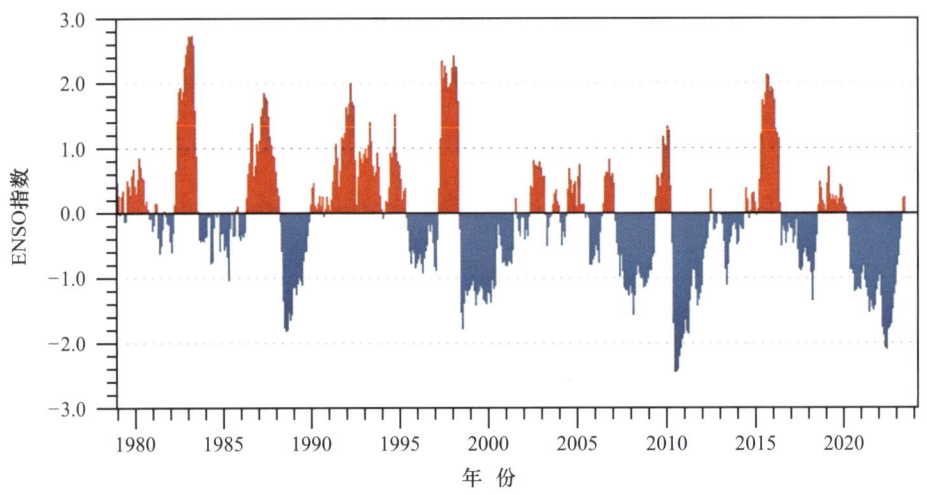

图 9-2　1980 年以来的 ENSO 指数统计
正值超过 1.0 为厄尔尼诺年，负值超过 -1.0 为拉尼娜年
图片来源：美国国家海洋和大气管理局

厄尔尼诺现象最早被关注，是因为其发生年份，秘鲁渔场的鳀鱼捕获量几乎为零。鳀鱼不仅是秘鲁渔民的重要收入来源，而且是沿岸海鸟的食物来源，那为什么厄尔尼诺现象会造成渔获量大幅减少，甚至绝收呢？秘鲁寒流是一支强盛的寒流，它的成因是离岸风吹拂海水，经由埃克曼输送（Ekman transport），表层海水开始做离岸运动，促使营养丰富的下层冷海水开始做上升补偿运动。但在厄尔尼诺年，秘鲁寒流衰退，冷海水上泛带来的营养源供给减少，表层海水初级生产力下降，进而引发整个食物链上的种群生物量发生减少，海鸟、海豹停止生殖行为，成体则因饥饿而死亡，种群个体数量甚至能下降 95% 以上，这是非常可怕的生态灾难。但对于南美洲西海岸干旱缺水的阿塔卡马（Atacama）沙漠来说，厄尔尼诺年带来的额外降水，却是沙漠植被生命历程中的重要时刻。它们纷纷伸展各种储水

第9章 现代生物圈面临的挑战

组织，竭尽所能地吸取这难得的雨水和地表积水，然后迅速启动开花结果的生理调控机制，利用难得的机遇完成传宗接代的生存使命。不同于海水中的萧条，厄尔尼诺年的阿塔卡马沙漠，绽放出了绚丽多姿的花海。

在厄尔尼诺现象发展的过程中，澳大利亚东海岸的气候变化与南美洲西海岸呈镜像相反关系，此时的澳大利亚东海岸变得异常干旱，易燃的桉树增加了森林火险的发生概率，同时科学家也观察到澳大利亚东海岸红袋鼠的数量会发生锐减，个体数量直接减少60%。这是由于红袋鼠在干旱缺水的环境下，会停止泌乳行为，从而导致袋鼠幼崽夭折。

随着研究的进一步深入，科学家发现，厄尔尼诺现象对生物圈的影响远不止体现在沃克环流圈（Walker cell）的典型作用范围。在厄尔尼诺年，整个东太平洋的大气湿度都会增加，这为美国西海岸飓风的发展创造了优势条件。当更强大的飓风活动袭击美国西海岸时，干旱缺水的美国西部地区将获得额外的淡水补给。此时，位于美国西部的犹他州大盐湖的水位迅速上涨，盐度下降，从10%以上降到5%以下，耐盐生物丰年虫数量减少，而大批水生昆虫则大举入侵。当厄尔尼诺现象消退后，大盐湖水位下降，盐度回升，丰年虫重回生态位，水生昆虫则大量减少。丰年虫因为生活在盐水中，又被称为"卤虫"，是优质的鱼饵，可以人工养殖，所以厄尔尼诺现象也影响了大盐湖附近的特种养殖业。

以上例子说明，大尺度的气候-海洋系统变化，会调控局域群落和生态系统的结构和功能，迫使生物圈做出响应。这种响应不仅是某些物种受到打击，发生衰退，而且也可能使得另一些物种从中获益，大量繁衍。

> 生物圈

9.3 生物多样性影响气候变化
Biodiversity affects climate change

众所周知，森林是地球系统中重要的碳汇。绿色植物进行光合作用，将大气中的二氧化碳固定为有机碳，并在此过程中产生副产品——氧气。这些被植物固定下来的有机碳，或者参与生物圈物质循环，或者经由掩埋变成化石能源，进入岩石圈。陆地绿色植物几乎是目前人类发展水平下，最能被施加影响的碳汇，无论是砍伐、毁坏植物，还是保护、种植植物，都是世界各地每天在发生的现实事件。亚马孙热带雨林是世界上最大的雨林生态系统，其面积占全球雨林总面积的50%，因为其在全球碳氧交换平衡中发挥的重大作用，被形容为"地球之肺"。然而，2021年7月，巴西国家空间研究所的科研人员在《自然》杂志上发表了一篇惊世骇俗的报告，宣称根据他们团队的研究统计，亚马孙热带雨林每年由于土地开垦和人为引发的山火，释放大约16亿吨的二氧化碳，远超其健康树木所能吸收的5亿吨。因此，亚马孙热带雨林已从一个有效的碳汇转变成一个重要的碳源。很多雨林植物都依靠鲜美多汁的果实吸引动物觅食，而这些植物的种子，就从动物的粪便中萌发，从而实现植物的种群扩散。2019年，泰国农业大学科研人员的一项研究发现，在他们的模型中，如果去除灵长类动物对植物传播后代的影响，这些雨林植物的扩散将受到影响，最终使得植物的固碳储量减少 2.4%，全球变暖的趋势也将得到一定的增强。从这里可以看出，保护生态多样性，对于维持地球系统的稳态具有不可替代的重要意义，未来我们除了要在节能减排上持续发力外，维护生态多样性也是需要齐抓共管的重大发展战略。

9.4 人类活动与生物圈健康
Human activities and the health of the biosphere

在 9.2 节中，我们分析了全球气候变化和大尺度大气-海洋系统变化对生物圈的影响。虽然已有充分的证据表明，全球变暖和人类工业活动之间存在深刻的关联性，但气候变化本身也是地球系统自然演化必然会经历的过程，即便地球历史没有演化出人类，气候变化仍然客观存在。本节，我们将着重讨论纯粹由人类活动对生物圈造成的影响。

9.4.1 人类对野生动物的直接猎杀

从 1.1 万年前的新石器时代开始，随着石器打制技术的长足进步，更高效的猎杀工具和战术被开发出来，人类聚落所经之处，大型动物纷纷灭绝。如 1.1 万年前，人类进入西伯利亚，导致猛犸象灭绝；同一时期，人类经由白令陆桥进入北美，3/4 的大型动物很快灭绝；人类进入澳大利亚，导致整

生物圈

片大陆除袋鼠以外的大型有袋类动物灭绝；2000 年前，人类进入马达加斯加岛，岛上体重超过 40 kg 的大型动物全部灭绝；800 年前人类进入新西兰，全岛大型恐鸟全部灭绝。类似的例子还有很多，以至于在互联网上，网友们调侃古代人类为"恐怖直立猿"。进入现代社会，发达的工农业供应链已经满足了人类基本的温饱所需，也能够满足正常的精神追求，但滥捕野生动物的现象仍然存在。我们在新闻报道中能够看到，野生动物保护人员不得不麻醉非洲象和犀牛，用电锯锯掉它们的象牙和犀牛角，就是为了防止它们被偷猎者猎杀（图 9-3）。

图 9-3 野生动物保护人员锯掉犀牛角，防止它们被偷猎者猎杀
图片来源：Brent Stirton

在我国，滥捕野生动物主要是追求口舌之欲，尤其在一些地区，有些人对"野味"有着强烈的消费执念。在日本，商业捕鲸团队得到政府机构的默许，顶着全世界的批判，以"科研"的名义长期从事捕鲸行为，何其

讽刺。即便是合法捕捞,若不顾后果地竭泽而渔,也会让远洋水产资源丧失自我恢复的能力,中学课本上作为四大渔场之一的加拿大纽芬兰渔场就因此而濒临枯竭。类似的例子数不胜数,在巨大利益驱使下,即便触犯法律,有组织地捕杀野生动物仍屡禁不绝,这是人类活动对生物圈造成的最直接破坏。

9.4.2 土地开发挤占野生动植物的生存空间

人类对自然土地的改造,绝不仅仅局限于城市人居场所的楼房、街道建设,农耕地、牧场、矿场都是超大规模的土地开发工程,人类通过改变土地利用方式,直接或间接地夺走了本地物种的栖身之所。道路建设看似没有占用太多土地,却阻隔了一些动物迁徙的必经之路,为动物的行动和司机的驾驶安全都带来巨大风险。大坝建设改变了自然水系,甚至会阻挡某些有洄游繁殖特性的鱼类回到产卵地,对它们的种群延续造成巨大阻碍。草场退化、石漠化、沙漠化、盐碱化不断侵蚀陆地上的初级生产力,让原本生机盎然的草场变为不毛之地。

9.4.3 工业污染

工业生产活动通常伴随着大量有毒有害气体、液体、固体废弃物的排放,如果这些有毒有害物质未经控制,直接进入生态系统,将造成灾难性的后果。有毒物质若排放到水体中,不仅直接毒害水生动植物,而且会经由食物链逐级向上传递,通过生物放大作用,对食物链顶层生物造成更大的危害。

> 生物圈

而人类作为地球食物链上的顶层捕食者，自然也摆脱不了自食苦果的结局。

虽然人类早已认识到症结所在，制定相关法律法规对污染物排放进行监管，但在经济利益面前，人性经不起考验。日本福岛核电站事故使得巨量的核辐射废水泄漏，这起事件长期受到国际社会的高度关注，但就算如此，日本政府也不顾国际社会的一致阻挠，强行将核废水倾泻到太平洋中。即便化工企业主观上想要控制污染物排放，但生产安全事故也不可能100%避免，一次化工厂爆炸或者化工产品运输环节的泄漏事故，都有可能向环境排放巨量的有毒有害物质。就算是没有生物毒害性的生活废水，其造成的水体富营养化问题，也是众多城市经历过的惨痛事件。

还有一些工业污染的危害十分隐蔽，其造成的恐怖影响，往往要很多年以后才能被世人知晓。例如，美国杜邦公司大力推广的氟氯烃制冷剂，商品名"氟利昂"，没有明显的生物毒性，长期被认为是环境友好化工产品。直到20世纪80年代，科学家在臭氧层观测活动中发现了臭氧浓度出现异常降低，以及南极洲上空面积巨大的臭氧层空洞，人们才回过神来发现氟利昂乃是破坏臭氧层的罪魁祸首。1987年9月，联合国环境规划署在加拿大蒙特利尔召集了来自多国及国际组织的代表，共同签署了《蒙特利尔议定书》以保护臭氧层，该协议于1989年1月正式生效。《蒙特利尔议定书》的核心内容包括逐步削减氟利昂的生产与使用、开发替代品，并最终实现氟利昂的全面禁用等。这一国际协议的签署被视为环境保护史上的一个重要里程碑，在保护地球臭氧层方面起到了至关重要的作用。中国于1991年正式加入《蒙特利尔议定书》。臭氧层在20世纪90年代末开始缓慢恢复，南极洲上空臭氧层空洞也出现逐渐缩小的趋势（图9-4）。这是到目前为止，全球各国通力合作，进行环境治理，取得重大成效的典型案例。

第9章 现代生物圈面临的挑战

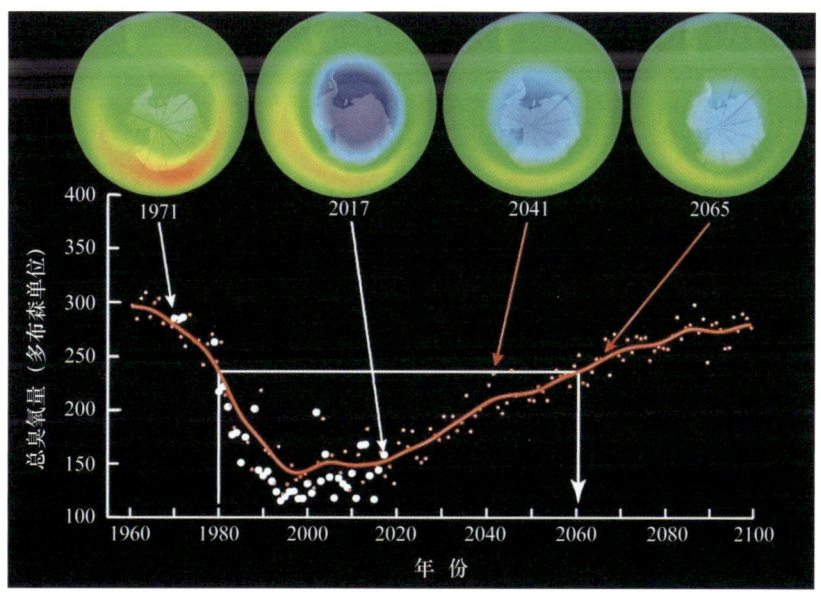

图 9-4 南极洲上空臭氧层空洞的演化趋势

多布森单位（简称 DU）为用来度量大气中臭氧柱尺度的单位。它等于在标准大气状态下（273K，1atm），10 μm 臭氧层的厚度，大气臭氧层的厚度为 300～400 DU。2041 和 2065 年数据来自戈达德地球观测系统（Goddard Earth Observing System，GEOS）化学气候模型（Chemistry Climate Model，CCM）

9.4.4 人口膨胀

楼兰古国是丝绸之路上重要的枢纽，谁能想到今日的楼兰古国仅剩罗布泊无人区的一座荒凉废墟。早先的观点认为是气候干旱迫使楼兰古国的居民离开家园，而最新的考古成果认为，气候干旱只是外因，人口膨胀和过度开发引发生态破坏，造成不可遏制的土地沙漠化，是不可忽视的内因。根据人口学家的推测，1.1万年前的新石器时代，全球人口为12万～15万；到农业文明时期，全球人口为500万～1000万；1800年第一次工业革命时期，全球人口接近8亿；仅仅过去约200年，世界人口就猛增十倍，在2022年底达到80亿（图9-5）。

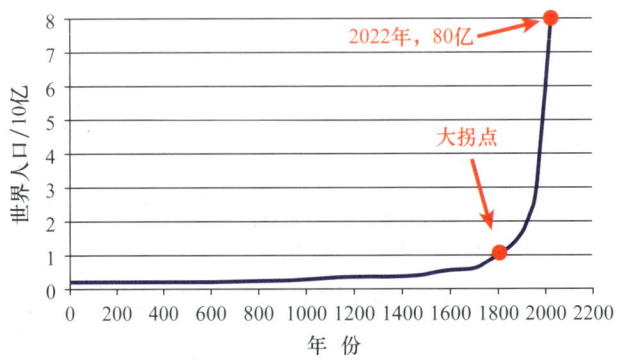

图9-5 过去2000年以来，世界人口的增长趋势

人口增多意味着资源消耗。有人这样计算：如果按照美国人的消费习惯统计，地球上的各种资源只能够供养17亿世界人口的水平；如果按照非洲贫穷国家的消费水平统计，地球资源总量可以承受96亿的人口总量。世界人口在不断增长，但地球的不可再生资源总量却在不断下降。根据估计，全世界的煤炭资源还够使用220年，此外，石油还能用40年、天然气用70年、铁用170年、铜用65年、铝用230年。尽管我们正在积极寻找替代品，逐步使用可再生资源替换化石能源在工业体系中的位置，但人类庞大的物质需求始终是生物圈面临的巨大压力。巨大的人口压力，不仅体现在人对资源的消耗上，而且体现在人的日常生活产生的垃圾和污染物上。大量的人口会产生大量的垃圾，这些垃圾有的很难降解，会在相当长的时间内持续污染环境。

9.4.5　第六次物种大灭绝

自显生宙以来，地球上总共发生了五次大规模集群灭绝事件，我们已在第 8 章逐一介绍过。现在有学者提出，根据生物多样性监测数据，物种灭绝的速度是如此之快，我们已经处在又一场大规模集群灭绝事件中。20 世纪 90 年代，古生物学家理查德·利基（Richard Leakey）首次提出"第六次物种大灭绝"的概念，此后，关于"第六次物种大灭绝"是否真实发生，以及从何时算起，一直处在不断的争议中。

物种灭绝在自然界本身是一个客观存在的演化现象，新物种诞生，旧物种消亡，生物圈才得以不断更新，适应环境变化，这种稳定存在的灭绝现象称为背景灭绝。但根据一些学者的统计结果，目前地球上物种灭绝的速度太快，已经明显超出背景灭绝率（图 9-6）。根据统计口径的差异，当下物种灭绝率是背景灭绝率的 8 ～ 1000 倍。《国际自然与自然资源保护联盟公报（2014）》称，每年至少有 50 种动物加入濒临灭绝的行列，大约 41% 的两栖动物和 25% 的哺乳动物正面临灭绝的危险。该公报列举了大量的实例与数据，如目前全球 94% 的狐猴已处在濒危状态，约 20% 的狐猴属于"极度濒危"物种，因此狐猴在未来几年面临灭绝的危险。几乎在同一时期，即 2013 年，我国环境保护部发布的一份统计报告显示，在过去 100 年内，我国的物种灭绝速度是惊人的，其中，被子植物已经灭绝 10 种，极危的有 28 种，濒危的约 1000 种；裸子植物已经灭绝的有 20 种，极危的有 15 种，濒危的有 65 种；脊椎动物已经灭绝的超过 10 种，包括中国犀牛、新疆虎等珍贵物种。

生物圈

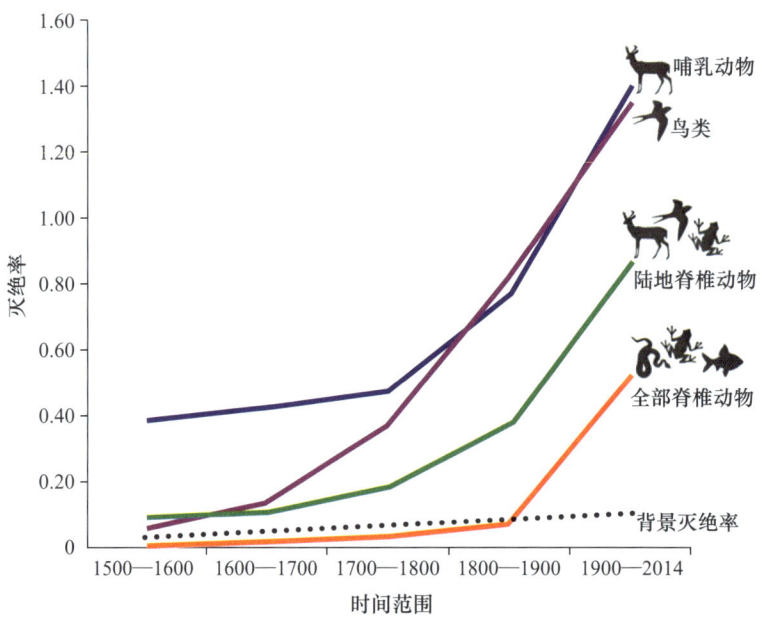

图 9-6 被国际自然保护联盟记录为已灭绝或已野外灭绝的脊椎动物灭绝率
黑色虚线表示背景灭绝率,注意,这是"高度保守的估计"
图片来源:Ceballos et al., 2015

还有一些学者通过对地球生物圈现状进行分析,认为学术界、传媒界应慎提"第六次物种大灭绝"。第一,显生宙以来的五次大规模集群灭绝事件,不仅生物多样性发生了大幅下降,而且整个生态系统都遭受了崩溃式的毁坏,当下的地球虽然的确存在人为原因造成的生物多样性减少,但并没有观察到生态系统整体性的崩溃。第二,人类对生物多样性进行系统性记录的历史不过百年,并且至今仍不完善,究竟有多少物种没有得到统计归类,没有人说得清。这就使得物种灭绝率的统计口径差别很大,缺乏令人信服的数据来源。第三,人类历史相较于地质历史来说太过短暂,机械地把人类历史片段放到地质历史的尺度下去比较是不严谨的做法。第四,"第六

 第9章 现代生物圈面临的挑战

次大灭绝"的起始时间至今没有统一的说法。有人认为是从新石器时代，人类开始大规模猎杀大型动物算起；也有人认为是进入工业革命，大规模污染生态环境算起；还有人认为是从农业文明时期，大规模改造自然土地利用类型开始算起。第五，当代生物圈的物种新生率一直得不到有效统计。在各种物种多样性评估中，人们一直在重点关注灭绝率，而关于新物种的产生，并没有有效的方法进行全面统计，这会使物种净灭绝率的统计结果偏离真实值。总之，地球生物圈的复杂性是物种多样性研究难以逾越的障碍，在没有彻底搞清楚生物圈真实的变化状况之前，还是应该慎提"第六次物种大灭绝"的说法。

但不论是"第六次物种大灭绝"的支持者还是反对者，有一点共识是一致的，那就是应该多向公众宣传关注地球生态环境的理念，保护濒危物种。因为如果有一天，地球生物圈真的走向崩溃，能够幸存下来的物种，一定不会是食物链顶层的人类。

参 考 文 献

1. "10000个科学难题"地球科学编委会. 10000个科学难题·地球科学卷[M]. 北京：科学出版社，2010.

2. BARTON N H, BRIGGS D E G, EISEN J A, et al. Evolution[M]. Long Island, NY: Cold Spring Harbor Laboratory Press, 2007.

3. BENTON M J. 古脊椎动物学[M]. 4版. 董为，译. 北京：科学出版社，2017.

4. BENTON M J, HARPER D A T. Introduction to Paleobiology and the Fossil Record[M]. 2nd ed. Hoboken, New Jersey: Wiley-Blackwell, 2020.

5. BLACKSTONE N W. An evolutionary framework for understanding the origin of eukaryotes[J]. Biology(Basel), 2016, 5(2):18.

6. CEBALLOS G, EHRLICH P R, BARNOSKY A D, et al. Accelerated modern human-induced species losses: Entering the sixth mass extinction[J]. Science Advances. 2015, 1(5): e1400253.

7. COX C B, MOORE D P. 生物地理学：生态和进化的途径[M]. 7版. 赵铁桥，译. 北京：高等教育出版社，2007.

8. DODD M S, PAPINEAU D, GRENNE T, et al. Evidence for early life in Earth's oldest hydrothermal vent precipitates[J]. Nature, 2017, 543(7643): 60-64.

9. HERSCHY B, WHICHER A, CAMPRUBI E, et al. An origin-of-life reactor to simulate alkaline hydrothermal vents[J]. Journal of Molecular Evolution, 2014, 79: 213-227.

10. HICKMAN C P, KEEN S L, EISENHOUR D J. et al. Integrated Principles of Zoology [M]. 18th ed. New York: McGraw-Hill, 2019.

11. JABLONSKI D. Extinctions in the fossil record[J]. Philosophical Transactions of the Royal Society B: Biological Sciences, 1994, 344:11-17.

12. KARP G, IWASA J, MARSHAL W. Carp's Cell and Molecular Biology [M]. 9th ed. Hoboken, NJ : Wiley, 2020.

13. MACLEOD F, KINDLER G S, WONG H L et al. Asgard archaea: Diversity,

function, and evolutionary implications in a range of microbiomes[J]. AIMS Microbiology, 2019, 5(1): 48-61.

14. MACNAUGHTON R B, COLE J M, DALRYMPLE R W, et al. First steps on land: Arthropod trackways in Cambrian-Ordovician eolian sandstone, southeastern Ontario, Canada[J]. Geology, 2002, 30(5): 391-394.

15. MARSHAK S. Earth: Portrait of A Planet[M]. New York: W.W. Norton, 2008.

16. MARTIN R. Earth's Evolving Systems: The History of Planet Earth [M]. 2nd ed. Burlington, MA: Jones & Bartlett Learning, 2016.

17. N. H. 巴顿, D. E. G. 布里格斯, J. A. 艾森, 等. 进化 [M]. 宿兵, 等, 译. 北京: 科学出版社, 2010.

18. PARKER N, SCHNEEGURT M, TU A H, et al. Microbiology [M]. Livonia, MI: XanEdu Publishing Inc, 2016.

19. RAUP D M, SEPKOSKI J J. Mass extinctions in the marine fossil record[J]. Science, 1982, 215(4539): 1501-1503.

20. REITNER J, THIEL V. Encyclopedia of Geobiology[M]. Dordrecht: Springer, 2011.

21. S. E. 约恩森. 生态系统生态学 [M]. 曹建军, 赵斌, 张剑, 等, 译. 北京: 科学出版社, 2017.

22. SANTORO A E. The do-it-all nitrifier[J]. Science, 2016, 351: 342-343.

23. SECKBACH J, WALSH M. From Fossils to Astrobiology: Records of Life on Earth and the Search for Extraterrestrial Biosignatures[M]. Dordrecht: Springer, 2008.

24. SELDEN P, READ H. The oldest land animals: Silurian millipedes from Scotland[J]. Bulletin of the British Myriapod & Isopod Group, 2007, 23: 36-37.

25. SEPKOSKI J J. A kinetic model of Phanerozoic taxonomic diversity. Ⅲ. Post-Paleozoic families and mass extinctions[J]. Paleobiology, 1984, 10(2): 246-267.

26. SOO R M, HEMP J, PARKS D H, et al. On the origins of oxygenic photosynthesis and aerobic respiration in Cyanobacteria[J]. Science, 2017, 355(6332): 1436-1440.

27. STANLEY S M. Earth System History [M].2nd ed. New York: W. H. Freeman, 2004.

28. TIAN F, TOON O B, PAVLOV A A, et al. A hydrogen-rich early Earth atmosphere[J].Science, 2005, 308(5724): 1014-1017.

29. TRUJILLO A P, THURMAN H V. 海洋学导论: 原书第 11 版 [M]. 张荣华, 李新正,

李安春，等，译．北京：电子工业出版社，2017.

30. WATSON A J, LOVELOCK J E. Biological homeostasis of the global environment: The parable of Daisyworld[J]. Tellus B: Chemical and Physical Meteorology, 1983, 35(4), 284-289.

31. WICANDER R, MONROE J S. Historical Geology: Evolution of Earth and Life Through Time [M]. 6th ed. Boston, MA: Cengage Learning, 2009.

32. WILSON H M. Zosterogrammida, a new order of millipedes from the Middle Silurian of Scotland and the Upper Carboniferous of Euramerica[J]. Palaeontology, 2005, 48(5): 1101-1110.

33. YOON H S, HACKETT J D, CINIGLIA C, et al. A molecular timeline for the origin of photosynthetic eukaryotes[J]. Molecular Biology and Evolution, 2004, 21(5): 809-818.

34. 柏智勇，章建文．生态系统的若干控制问题研究 [C]// 中国自动化学会控制理论专业委员会 C 卷，2011.

35. 蔡靖，郑平，张蕾．硫酸盐还原菌及其代谢途径 [J]．科技通报，2009，25(4): 427-431.

36. 曾志刚．海底热液地质学 [M]．北京：科学出版社，2011.

37. 常娟，王根绪，高永恒，等．青藏高原多年冻土区积雪对沼泽、草甸浅层土壤水热过程的影响 [J]．生态学报，2012，32(23): 7289-7301.

38. 陈世骧．进化论与分类学 [M]．2 版．北京：科学出版社，1987.

39. 丁明孝，王喜忠，张传茂，等．细胞生物学 [M]．5 版．北京：高等教育出版社，2020.

40. 杜远生，童金南．古生物地史学概论 [M]．2 版．武汉：中国地质大学出版社，2009.

41. 冯伟民．显生宙第一次生物大灭绝 [J]．化石，2021(1): 50-53.

42. 高志伟，王龙．真核生物起源研究进展 [J]．遗传，2020，42(10): 929-948.

43. 戈峰．现代生态学 [M]．北京：科学出版社，2002.

44. 胡永云．南极臭氧洞的发现 [J]．科学通报，2020，65(18): 1-7.

45. 黄历，薛宏．古菌，生命的第三种形式 [J]．科学，2000，52(3): 47-49.

46. 黄艳萍，肖义军．极端环境中的生命：古核生物概述 [J]．生物学教学， 2019，44(1): 2-3.

47. 蒋高明．气候变化对生物多样性的影响 [J]．百科知识，2008，19: 12-14.

48. 杰弗里·贝内特，塞思·肖斯塔克．宇宙中的生命 [M]．霍雷，译．北京：机械工业出版社，2016.

49. 刘大可. 生命的起源 [M]. 北京：中信出版集团，2021.

50. 刘光琇. 极端环境微生物学 [M]. 北京：科学出版社，2016.

51. 刘魁，任文雅. 拉伍洛克盖娅假说的困境与拉图尔的重构 [J]. 南京林业大学学报（人文社会科学版），2022，22(6): 1-13.

52. 刘凌云，郑光美. 普通动物学 [M]. 4 版. 北京：高等教育出版社，2009.

53. 马炜梁. 植物学 [M]. 2 版. 北京：高等教育出版社，2015.

54. 毛硕. 浅谈线粒体和叶绿体的起源 [J]. 中学生物教学，2019(4): 46-48.

55. 尼克·莱恩. 复杂生命的起源 [M]. 严曦，译. 贵阳：贵州大学出版社，2020.

56. 钱留华. 细菌代谢类型的特点 [J]. 生物学通报，1996，1: 25.

57. 秦大河，姚檀栋，丁永建，等. 冰冻圈科学概论（修订版）[M]. 北京：科学出版社，2017.

58. 任淑仙. 无脊椎动物学 [M]. 北京：北京大学出版社，1990.

59. 戎嘉余，方宗杰. 生物大灭绝与复苏：来自华南古生代和三叠纪的证据 [M]. 合肥：中国科学技术大学出版社，2004.

60. 戎嘉余，许汉奎，冯伟民，等. 远古的灾难：生物大灭绝 [M]. 南京：江苏科学技术出版社，2014.

61. 戎嘉余，袁训来，詹仁斌，等. 生物演化与环境 [M]. 合肥: 中国科学技术大学出版社，2018.

62. 尚玉昌. 普通生态学 [M]. 3 版. 北京：北京大学出版社，2010.

63. 沈萍，陈向东. 微生物学 [M]. 北京：高等教育出版社，2009.

64. 沈银柱，黄占景，葛荣朝. 进化生物学 [M]. 4 版. 北京：高等教育出版社，2020.

65. 石敏. 华北中元古代碳酸盐岩系微生物群演替及真核生物演化 [D]. 武汉：中国地质大学，2014.

66. 史晓颖，李一良，曹长群，等. 生命起源、早期演化阶段与海洋环境演变 [J]. 地学前缘，2016，23(6): 128-139.

67. 宋海军，童金南. 二叠纪 - 三叠纪之交生物大灭绝与残存 [J]. 地球科学，2016，41(6): 901-918.

68. 苏宏鑫. 高中生物奥赛讲义 [M]. 7 版. 杭州：浙江大学出版社，2023.

69. 孙儒泳，李博，诸葛阳，等. 普通生态学 [M]. 北京：高等教育出版社，1993.

70. 孙儒泳，李庆芬，牛翠娟，等. 基础生态学 [M]. 北京：高等教育出版社，2002.

71. 孙儒泳，王德华，牛翠娟，等. 动物生态学原理 [M]. 4 版. 北京：北京师范大学出版社，

2019.

72. 孙儒泳. 动物生态学原理 [M]. 3 版. 北京：北京师范大学出版社，2001.

73. 童金南，殷鸿福. 古生物学 [M]. 北京：高等教育出版社，2007.

74. 涂裕坤. 几种自养微生物的新陈代谢类型和作用机理分析 [J]. 教育教学论坛，2010(7): 49-50.

75. 汪品先，田军，黄恩清，等. 地球系统与演变 [M]. 北京：科学出版社，2019.

76. 王根绪，杨燕，张光涛，等. 冰冻圈生态系统：全球变化的前哨与屏障 [J]. 中国科学院院刊，2020，35(4): 425-433.

77. 王建. 现代自然地理学 [M]. 2 版. 北京：高等教育出版社，2010.

78. 王镜岩. 生物化学 [M]. 北京：高等教育出版社，2002.

79. 吴相钰，陈守良，葛明德. 陈阅增普通生物学 [M]. 3 版. 北京：高等教育出版社，2009.

80. 肖美丽，冷家峰，彭晓瑛. 细菌在环境中的分布和作用 [J]. 山东环境，1998 (3): 49.

81. 谢树成. 地球生物学 [M]. 北京：高等教育出版社，2023.

82. 徐星. 焕然一新的恐龙样貌 [J]. 科学世界，2018(4): 126-127.

83. 薛定谔. 生命是什么? [M]. 北京：北京大学出版社：2018.

84. 薛进庄，王嘉树，李炳鑫，等. 陆地植物的起源、早期演化及地球环境效应 [J]. 地球科学，2022，47(10): 3648-3664.

85. 杨群. 分子古生物学原理与方法 [M]. 北京：科学出版社：2006.

86. 殷秀琴，侯威岭，李贞，等. 生物地理学 [M]. 2 版. 北京：高等教育出版社，2014.

87. 殷宗军. 动物的起源和早期演化历程 [J]. 科学，2017，69(2):1-5+63.

88. 袁训来，庞科，唐卿，等. 复杂生物的起源和早期演化 [J]. 科学通报，2023，68(2): 169-187.

89. 詹仁斌，张元动. 地层"金钉子"：地球演化历史的关键节点 [M]. 南京：江苏凤凰科学技术出版社，2022.

90. 詹馨蕊，郭凌. 人类正制造"第六次物种大灭绝" [J]. 生态经济，2015，8: 6-9.

91. 张海春，王博，方艳. 中国北方中 - 新生代昆虫化石 [M]. 上海：上海科学技术出版社，2015.

92. 张宏，李颖杰，王文颖，等. 微生物硫循环网络的研究进展 [C] // 中国微生物学会第十届地质微生物学学术研讨会论文集. 2022: 1567-1581.

93. 张坚超, 徐镱钦, 陆雅海. 陆地生态系统甲烷产生和氧化过程的微生物机理[J]. 生态学报, 2015, 35(20): 6592-6603.

94. 张品茹. 气候变化与全球生物多样性[J]. 生态经济, 2023, 39(2): 5-8.

95. 张晓丽. 水的生态作用对植物叶结构的影响[J]. 生物学教学, 2007, 32(3): 9-10.

96. 张昀. 地球早期生物圈的形成与进化[M]// 穆西南. 古生物学研究的新理论新假说. 北京: 科学出版社, 1993, 161-180.

97. 张昀. 进化论的新争论及其认识论问题[J]. 北京大学学报（哲学社会科学版）, 1991(2): 104-112.

98. 张昀. 生物进化[M]. 北京: 北京大学出版社, 1998.

99. 张昀. 生物科学与新自然观[J]. 科技导报, 1993, 11: 3-7.

100. 张昀. 新地球观[J]. 地球科学进展, 1992, 7(1): 57-64.

101. 赵志模, 周新远. 生态学引论[M]. 北京: 科学技术文献出版社, 1984.

102. 郑平, 冯孝善. 硝化作用的生化原理[J]. 微生物学通报, 1999, 26(3): 215-217.

103. 周德庆. 微生物学教程[M]. 4 版. 北京: 高等教育出版社, 2020.

104. 周启星. 生态地学[M]. 北京: 科学出版社, 2017.

105. 周志毅, 袁文伟, 韩乃仁, 等. 扬子陆块奥陶纪末期-志留纪早期三叶虫的灭绝和复苏[M]// 戎嘉余, 方宗杰. 生物大灭绝与复苏: 来自华南古生代和三叠纪的证据. 合肥: 中国科学技术大学出版社, 2004: 127-152.

106. 朱敏, 等. 中国古脊椎动物志: 第 1 卷 鱼类: 第 1 册 无颌类: 总第 1 册[M]. 北京: 科学出版社, 2015.